개정증보판

시설물
안전점검 및 현장점검
A to Z

박하용 편저

"안전점검 및 현장점검이란 무엇인가?"

경험과 기술을 갖춘 자가 육안이나 점검기구 등으로 검사하여 시설물에 내재(內在)되어 있는 위험요인을 조사하는 행위를 말한다.
前 행정안전부 정부합동안전점검단장 및 현장건설사업관리를 담당하면서
"가장 실감하는 말 중 하나가 '**현장에 답이 있다**'는 말이 아닌가 싶다." 그 동안 현장에서 겪고 경험한 **51종 시설물에 대한 안전점검 결과**를 바탕으로 쓰인 **실제적 이론서**이다.

재난 없는 안전하고 행복한 나라가 되는 마중물이 되길 기원해 본다.

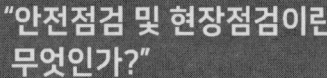
사마출판
booksama.com

머리말

우리나라는 경제개발과 함께 고도성장기 이후로 도시지역의 건축물 등이 양적으로 늘어나기 시작하였으며, 층수도 점차적으로 고층화되고 있는 추세이다. 최근 재난 발생으로 많은 인명피해와 재산피해가 복합적인 요인으로 다양하게 발생하고 있다. 정부에서도 성수대교 붕괴('94.10.)를 계기로 안전점검 관련 법령을 마련하는 등 많은 노력을 기울이고 있습니다.

시설물에서의 안전사고는 건축주, 설계자, 시공자, 감리자, 유지관리자 등이 사전 노력을 하면 줄일 수 있다고 생각됩니다.

이번에 「시설물 안전점검 및 현장점검 A to Z」 개정증보판을 펴내게 된 것도 일선에서 안전점검 업무를 담당하는 공무원이나 재난관리책임기관 종사자, 시설물 유지관리자 등 현장에서 조치할 사항에 대하여 이해하는 데 다소나마 도움을 드리고자 하는 목적에서 이 책을 펴내게 되었습니다.

이 책은 안전점검 개요, 안전점검 관련 주요 법령, 안전점검 절차, 분야별 안전점검 체크리스트, 시설물별 주요 지적사항 등으로 구성하였습니다. 주요 지적사항 점검사례 기존 44종 중 건설공사장, 전통시장, 교량, 댐, 터널의 5종 보완과 초고층 및 지하연계 복합건축물, 공공업무시설(공공청사), 수소시설 등 7종을 추가하였으며, 점검결과 후속조치 확보방안도 담았다. 법령이 개정되는 경우에는 개정된 규정을 적용하여야 할 것입니다.

책 내용의 오류나 부족한 부분에 대해서는 앞으로 지속적으로 보완해 나갈 것을 약속드리면서, 안전하고 행복한 나라가 되길 기대하여 봅니다.

┃ 편저자 박 하 용

CONTENTS

제 1 장 안전점검 개요

제 1 절 도입배경 ··· 3
제 2 절 안전점검 ··· 5
1. 안전점검이란? ··· 5
2. 안전점검의 분류 ·· 7
3. 안전점검의 수행방법 ·· 13

제 2 장 안전점검 관련 주요 법령

제 1 절 안전점검 제도 변천 ·· 19
1. 재해의 예방·수습에 관한 훈령 ·· 21
2. 재난관리법 ··· 22
3. 재난안전법 ··· 23
4. 시특법 및 시설물안전법 ··· 24

제 2 절 안전점검의 주요 법령 ·· 25
1. 재난안전법 ··· 25
2. 시설물안전법 ··· 32
3. 건축물관리법 ··· 47
4. 공동주택관리법 ··· 52
5. 교육시설법 ··· 53
6. 기타 개별법령 ··· 59

제 3 절 재난 발생 및 우려가 있을 때 조치 요령 ········ 80

1. 재난신고 ·· 80
2. 재난상황의 보고 ·· 80
3. 응급조치 ·· 81
4. 대피명령 ·· 82
5. 위험구역의 설정 ·· 83
6. 강제대피조치 ·· 84
7. 통행제한 등 ·· 84
8. 동원명령 ·· 85
9. 응원 ·· 85
10. 응급부담 ·· 86

제 3 장 안전점검 절차

제 1 절 안전점검 계획 수립 ····································· 89

1. 점검배경 및 방향결정 ·· 89
2. 점검대상 선정 시 고려사항 ·· 90
3. 점검자료 수집 ·· 92
4. 점검대상 선정방법 ·· 94
5. 점검준비회의 ·· 95
6. 점검계획서 작성 및 통보 ·· 96

CONTENTS

제 2 절 현장점검 ·· 98
   1. 점검관련 사전 부처 등 회의 ······························ 98
   2. 점검반 사전교육 ·· 98
   3. 현장점검 ·· 99
   4. 현장점검 결과 일일 보고서 작성 및 보고 ·········· 101

제 3 절 점검결과 보고서 작성 및 통보 ················ 102
   1. 점검결과 보고서 작성 시 고려사항 ···················· 102
   2. 점검결과 보고서 작성 ·· 104
   3. 점검결과 통보 ·· 105

제 4 절 점검결과 후속조치 이행력 확보방안 ······· 106
   1. 안전점검 결과 및 조치결과 시스템을 통한 공개 ········ 106
   2. 안전점검 결과 조치계획 수립 ···························· 106
   3. 후속조치 추진상항 모니터링 실시 ······················ 107
   4. 해당 점검관련 대상기관 후속조치 대책회의 개최 ········ 107
   5. 지적사항 이행실태 확인점검 실시 ······················ 107
   6. 후속조치 추진상황 재난관리평가 지표 반영 ········ 108
   7. 개별법령 벌칙 등을 적용한 조치 요구 ··············· 108
   8. 후속조치가 미흡한 시설 및 재난관리책임기관에
      대한 안전감찰 요구 ··· 109
   9. 재난관리 의무위반에 대한 징계 요구 ·················· 110

제 4 장 분야별 안전점검 체크리스트

제 1 절 안전점검 체크리스트 ·· 113
   1. 관련 법령상 안전점검표 ·· 113
   2. 국가안전대진단 안전점검표 ·· 116

제 2 절 건축시설물 분야 안전점검 체크리스트 ·········· 117
   1. 건축물 분야 ··· 117
   2. 전기 분야 ··· 121
   3. 가스 분야 ··· 126
   4. 소방 분야 ··· 131
   5. 보건·위생 분야 ·· 139
   6. 승강기 분야 ··· 142

제 3 절 토목시설물 분야 안전점검 체크리스트 ·········· 144
   1. 공통 분야 ··· 144
   2. 교량 분야 ··· 145
   3. 터널 분야 ··· 147
   4. 댐 분야 ··· 149
   5. 상수도 분야 ··· 151
   6. 수문 분야 ··· 153
   7. 제방 분야 ··· 155
   8. 사면(급경사지) 분야 ·· 156
   9. 옹벽 분야 ··· 158
   10. 축대 분야 ··· 159

CONTENTS

제 5 장 시설물별 주요 지적사항

제 1 절 건축시설물 분야 163
1. 건설공사장(대형공사장) 163
2. 고속도로 휴게소 176
3. 공공업무시설(공공청사) 185
4. 공공체육시설 196
5. 공동주택 200
6. 공연장 및 영화관 205
7. 공항시설 213
8. 기름·유해액체물질 저장시설 220
9. 노래연습장업 225
10. 농어촌관광시설(민박 등) 229
11. 대학교 연구실 233
12. 대형숙박시설(관광숙박업 시설) 237
13. 목욕장업 244
14. 백화점 250
15. 사회복지시설 255
16. 수소시설 258
17. 숙박시설을 갖춘 학교교과교습학원(기숙학원) 262
18. 여객자동차터미널 268
19. 연안여객선터미널 273

20. 월드컵경기장 ··· 279
21. 위험물제조소 ··· 286
22. 위험물하역시설 ······································ 291
23. 전력·가스시설 ······································ 296
24. 전통시장 ··· 303
25. 종합병원 ··· 311
26. 중소형병원(요양병원 포함) ··················· 316
27. 지하도상가 ·· 324
28. 지하역사 ··· 329
29. 철도시설 ··· 332
30. 청소년수련시설 ······································ 338
31. 초고층 및 지하연계 복합건축물 ············ 343
32. 학교시설 ··· 352
33. 항만시설 ··· 359

제 2 절 토목시설물 분야 ··· 363

1. 급경사지 ··· 363
2. 교량 ·· 365
3. 농업용저수지 ·· 372
4. 댐 ··· 375
5. 임도시설 ··· 380
6. 축대·옹벽 ·· 382
7. 터널 ·· 384

CONTENTS

제 3 절 기타시설물 분야 ·· **394**
  1. 겨울철 지역축제(지역축제) ································ 394
  2. 궤도 및 삭도시설 ··· 399
  3. 문화재시설 ··· 407
  4. 미세먼지 관련 사업장 및 시설물 ························ 413
  5. 산업단지 ··· 417
  6. 스키장업 ··· 425
  7. 야영장 ··· 431
  8. 어선 ··· 436
  9. 여객선 및 유도선 ··· 441
  10. 유원시설(물놀이 유원시설) ································ 446
  11. 유해화학물질 ··· 450

참고문헌 ·· **457**

제 1 장
안전점검 개요

제 1 장 안전점검 개요

제 1 절 도입배경

　우리나라는 1962년부터 경제개발 5개년계획을 추진하면서 많은 경제적 발전을 이룩하였다. 건축물도 경제개발에 힘입어 도심화가 시작되었고 저층건축물에서 중·고층건축물로 발전하면서 현재는 초고층건축물이 점차적으로 늘어나고 있는 추세다. 이러한 고도성장기 이후로 도시지역의 건축물이 양적으로 늘어나기 시작하였다.

　우리나라는 1994년 책임감리제도의 시행 이전 압축성장, 토건국가, 성장지상주의, 빨리빨리 문화가 정착되면서 건축물의 부실시공과 오랜 시간 누적되어 온 위험요인 등 인간의 부주의, 무관심, 실수 그리고 사후관리의 불충분 등으로 서울 와우아파트 붕괴('70.4.), 청주 우암상가아파트 붕괴('93.1.), 서울 삼풍백화점 붕괴('95.6.), 경주 마우나오션리조트 체육관 붕괴('14.2.) 등 많은 인명피해와 재산피해가 발생하였다.

　그 후 현재의 재난은 복합적인 요인 등으로 다양한 재난이 발생하고 있다. 최근에 발생한 이천 쿠팡물류창고 화재('21.6.), 제천 복합건축물 화재('17.12.), 밀양 세종병원 화재('18.1.), 서울 상도유치원 붕괴('18.9.), 서울 종로 국일고시원 화재('18.11.) 등의 재난으로 소중한 생명과 재산 피해가 발생하였다. 최근에 발생한 재난의 특징은 과거에 발생한 건축물의 구조적 붕괴에서 전기, 가스폭발 요인 등으로 재난양상이 다양화되고 있다.

이러한 재난을 예방하기 위한 재난 관련 법령도 재난 유형의 변화에 따라 변천을 가져왔다. 부산 구포역 열차 전복사고('93.3.)를 계기로 「재해의 예방·수습에 관한 훈령」(제280호, '93.7.23.)을 제정·시행하여 인위재난 유형별 주무부처를 지정하고 취약지에 대한 합동점검을 실시하도록 하였다. 성수대교 붕괴('94.10.)를 계기로 안전점검은 개별법에 따라 점검하는 것이 원칙이나, 체계적인 안전점검을 위하여 일정 규모 이상의 시설물에 대하여는 제1종·제2종 시설물로 관리하기 위해 「시설물의 안전에 관한 특별법(이하 "시특법"이라 한다)」을 제정('95.1.15.)하였다.

또한 시특법에 따른 제1종시설물, 제2종시설물 외의 시설물에 대하여 재난 발생의 우려가 높은 소관시설물과 지역에 대하여 「재난관리법」('95.7.18.)을 제정·시행하여 '재난위험시설등"으로 지정·관리하다가 「재난 및 안전관리 기본법(이하 "재난안전법"이라 한다)」을 제정('04.3.11.) 하고 재난관리법은 폐지하였다.

아울러, 행정안전부와 국토교통부로 이원화되어 있는 안전관리체계를 일원화하기 위하여 행정안전부에서 관리하던 '특정관리대상시설'을 '제3종시설물'로 이관('18.1.18.)받아 「시설물의 안전 및 유지관리에 관한 특별법(이하 "시설물안전법"이라 한다)」으로 개정('17.1.18.)하였다.

제 2 절 안전점검

1. 안전점검이란?

안전점검(安全點檢)은 국어사전에서 찾아보면 위험이 생기거나 사고가 날 염려가 없도록 낱낱이 검사함. 또는 그런 검사를 말한다. 관련법령에서는 개별법령의 특성을 고려하여 안전점검에 대한 정의를 표 1.1과 같다.

개별법에서 안전점검에 대한 정의에서 점검주체 및 시설명을 제외하고 안전점검을 정의하면 「시설물안전법」 제2조 제5호에 따른 안전점검의 정의로 통일할 수 있다. 결론적으로 **안전점검**은 '경험과 기술을 갖춘 자가 육안이나 점검기구 등으로 검사하여 시설물에 내재(內在)되어 있는 위험요인을 조사하는 행위'로 정의한다.

표 1.1 개별법령의 안전점검 정의

법령명	안전점검 정의
시설물안전법	• 경험과 기술을 갖춘 자가 육안이나 점검기구 등으로 검사하여 시설물에 내재(內在)되어 있는 위험요인을 조사하는 행위를 말하며, 점검 목적 및 점검수준을 고려하여, 정기안전점검 및 정밀안전점검으로 구분
교육시설 등의 안전 및 유지관리 등에 관한 법률 (교육시설법)	• 경험과 기술을 갖춘 자가 육안이나 점검 기구 등으로 검사하여 교육시설에 내재(內在)되어 있는 위험요인을 조사하는 행위
어린이놀이시설 안전관리법	• 어린이놀이시설의 관리주체 또는 관리주체로부터 어린이놀이시설의 안전관리를 위임받은 자가 육안 또는 점검기구 등에 의하여 검사를 하여 어린이놀이시설의 위험요인을 조사하는 행위
연구실 안전환경 조성에 관한 법률	• 연구실 안전관리에 관한 경험과 기술을 갖춘 자가 육안 또는 점검기구 등을 활용하여 연구실에 내재된 유해인자를 조사하는 행위
체육시설 안전점검 지침	• 공무원 또는 경험과 기술을 갖춘 자가 육안이나 점검기구 등으로 검사하여 시설물에 내재(內在)되어 있는 위험요인을 조사하는 행위

2. 안전점검의 분류

점검(點檢)은 「재난안전법 시행령」 제39조의3에 따라 정기점검과 수시점검으로 표 1.2와 같이 구분하고 있다. 정기점검은 개별법령에서 점검주기를 정하거나, 점검계획에 수립된 점검대상시설 등을 정기적으로 실시하는 점검을 말하고, 수시점검은 사회적 쟁점, 유사한 사고 등으로 인하여 기관장 등 특정인이 지시 등으로 수시로 실시하는 점검으로 구분 할 수 있다. 개별법 점검의 종류는 표 1.3과 같고, 정기점검과 수시점검의 분류는 표 1.4와 같다.

표 1.2 정기점검과 수시점검의 비교

점검방법	점검내용
정기점검	• 계절적 요인 등을 고려하여 정기적으로 실시하는 점검
수시점검	• 사회적 쟁점, 유사한 사고의 방지 등을 위하여 수시로 실시하는 점검

표 1.3 개별법령의 안전점검의 종류

법령명	안전점검 분류
시설물안전법	• 안전점검(정기안전점검, 정밀안전점검), 정밀안전진단, 긴급안전점검(손상점검, 특별점검)
재난안전법	• 긴급안전점검, 정부합동 안전점검(정기점검, 수시점검)
건축물관리법	• 정기점검, 긴급점검, 소규모 노후 건축물 등 점검, 안전진단
교육시설 등의 안전 및 유지관리 등에 관한 법률 (교육시설법)	• 안전점검, 정밀안전진단
어린이놀이시설 안전관리법	• 안전점검(월 1회), 안전진단
연구실 안전환경 조성에 관한 법률	• 일상점검(매일), 정기점검(매년 1회), 특별안전점검(위험야기 가능 시), 정밀안전진단(2년마다 1회)
체육시설 안전점검 지침	• 정기점검(6개월 1회), 긴급점검(필요한 경우/손상점검, 특별점검), 정밀점검(재난 위험징후 발생)

표 1.4 개별법령의 정기점검 및 수시점검 분류

법령명		정기점검	수시점검
시설물안전법		• 안전점검 (정기안전점검, 정밀안전점검) • 정밀안전진단(1종)	• 긴급안전점검 (손상점검, 특별점검) • 정밀안전진단 ※ 점검결과에 따라 실시
재난 안전법	일반		• 긴급안전점검
	정부합동 안전점검	• 정기점검(기획점검)	• 수시점검 (대진단 확인점검, 수시점검, 이행실태 확인점검)
건축물관리법		• 정기점검 • 소규모 노후 건축물 등 점검	• 안전진단 ※ 점검결과에 따라 실시 • 긴급점검
교육시설 등의 안전 및 유지관리 등에 관한 법률 (교육시설법)		• 안전점검	• 정밀안전진단 ※ 점검결과에 따라 실시
어린이놀이시설 안전관리법		• 안전점검(월 1회)	• 안전진단 ※ 점검결과에 따라 실시
연구실 안전환경 조성에 관한 법률		• 일상점검(매일) • 정기점검(매년 1회) • 정밀안전진단 (2년마다 1회)	• 특별안전점검 ※ 위험야기 가능 시
체육시설 안전점검 지침		• 정기점검(6개월 1회)	• 긴급점검 ※ 필요한 경우 - 손상점검, 특별점검 • 정밀점검 ※ 재난 위험징후 발생 시

행정안전부 정부합동안전점검단의 경우 기획점검은 국민의견 수렴, 뉴스 빅데이터 분석, 2010년 정부합동안전점검단 신설 이후 점검실적 등을 종합적으로 검토하여 점점대상시설을 결정한다. 점검대상 시설별로 안전점검을 실시하여 관련 법령에 부적합 사례를 지적하고, 유사사고 재발방지를 위한 관계법령 등 제도개선 과제를 발굴하고 있다.

또한 수시점검은 장관 등 지시사항과 국회·언론의 문제제기 및 재난발생 우려시설에 대한 여론 등을 고려하여 소관 분야별 안전점검에 대한 확인 또는 합동점검을 실시한다.

확인점검은 국가안전대진단 기간 중에 각 부처 및 지자체의 국가안전대진단 대상시설을 대상으로 소관 부처별 가이드라인에 따라 점검한 결과의 적합 여부와 정부합동안전점검단에서 점검한 기획점검과 수시점검 결과의 지적사항에 대한 후속조치 이행실태를 「재난안전법」 제32조제5항에 따라 점검을 실시하고 있다.

안전진단 또는 정밀안전진단에 대하여도 목적에 따라 정기점검인 안전점검(정기안전점검, 정밀안전점검)과 긴급안전점검 결과에 따라 재난위험 징후 발생의 우려가 있는 경우에는 수시점검도 할 수 있다.

「시설물의 안전 및 유지관리 실시 등에 관한 지침」 제8조에 따라 점검의 목적은 다음과 같다.

- **안전점검** : 경험과 기술을 갖춘 자가 육안이나 점검기구 등을 이용한 현장조사를 통해 시설물에 내재되어 있는 위험요인을 발견

- **긴급안전점검** : 시설물의 붕괴·전도 등으로 인한 재난 또는 재해가 발생할 우려가 있는 경우에 시설물의 물리적·기능적 결함을 신속하게 발견

- **정밀안전진단** : 현장조사 및 각종 시험에 의해 시설물의 물리적·기능적 결함과 내재되어 있는 위험요인을 발견하고, 이에 대한 신속하고 적절한 보수·보강 방법 및 조치방안 등을 제시함으로써 시설물의 안전을 확보

「시설물안전법」 제2조에 따른 안전점검의 정의는 표 1.5와 같다.

표 1.5 시설물안전법에 따른 안전점검의 정의

구 분	정 의
정기안전점검	• 시설물의 상태를 판단하고 시설물이 점검 당시의 사용요건을 만족시키고 있는지 확인할 수 있는 수준의 외관조사를 실시하는 안전점검
정밀안전점검	• 시설물의 상태를 판단하고 시설물이 점검 당시의 사용요건을 만족시키고 있는지 확인하며 시설물 주요부재의 상태를 확인할 수 있는 수준의 외관조사 및 측정·시험장비를 이용한 조사를 실시하는 안전점검
정밀안전진단	• 시설물의 물리적·기능적 결함을 발견하고 그에 대한 신속하고 적절한 조치를 하기 위하여 구조적 안전성과 결함의 원인 등을 조사·측정·평가하여 보수·보강 등의 방법을 제시하는 행위

구 분	정 의
긴급안전점검	• 시설물의 붕괴·전도 등으로 인한 재난 또는 재해가 발생할 우려가 있는 경우에 시설물의 물리적·기능적 결함을 신속하게 발견하기 위하여 실시하는 점검

3. 안전점검의 수행방법

정기안전점검은 「시설물의 안전 및 유지관리 실시 등에 관한 지침」 제9조에 따라 경험과 기술을 갖춘 사람에 의한 세심한 외관조사 수준의 점검으로서 시설물의 기능적 상태를 판단하고 시설물이 현재의 사용요건을 계속 만족시키고 있는지 확인하기 위한 관찰로 이루어진다. 점검자는 시설물의 전반적인 외관형태를 관찰하여 공중이 이용하는 부위의 결함(이하 "중대한결함등"이라 한다)을 발견할 수 있도록 세심한 주의를 기울여야 한다. 또한 점검자 및 관리주체는 정기안전점검 실시결과 중대한결함등이 있는 경우에는 「시설안전법」 제22조에 따라 즉시 관계행정기관의 장에게 통보하여야 한다. 아울러 관리주체는 정기안전점검 실시결과 필요할 경우 결함의 정도에 따라 긴급안전점검 또는 정밀안전진단을 실시하는 등 필요한 조치를 취하여야 한다.

정밀안전점검은 「시설물의 안전 및 유지관리 실시 등에 관한 지침」 제10조에 따라 시설물의 현 상태를 정확히 판단한다. 최초 또는 이전에 기록된 상태로부터의 변화를 확인하며 시설물이 현재의 사용요건을 계속 만족시키고 있는지 확인하기 위하여 면밀한 외관조사와 간단한 측정·시험장비로 필요한 측정 및 시험을 실시한다. 외관조사 및 측정·시험 결과와 이전의 안전점검 및 정밀안전진단 실시결과에서 발견된 결함의 진전 및 신규발생을 파악하여 시설물의 주요 부재별 상태를 평가하고 이전의 안전점검 및 정밀안전진단 실시결과의 상태평가 결과와 비교·검토하여 시설물 전체에 대한 상태평가 결과를 결정하여야 한다. 결함부위 등 주요 부위에 대한 외관조사망도 작성 등 조사결과를 도면으로 기록하여야 한다. 또한 내진설계 여부를 확인하고, 시설물에 「시설물안전법 시행령」 제18조의 중대한 결함이 발생하는 등 필요한 경우에는 관리주체에서 대가를 반영하여 해당 부위에 대하여 안전성평가를 실시할 수 있다. 아울러 정밀안전점검 실시결과 결함이 광범위하게 발생하는 등 정밀안전진단이 필요하다고 판단될 경우 점검자는 관리주체에게 즉시 보고하여야 하며, 관리주체는 「시설물안전법」 제12조제2항에 따라 정밀안전진단을 실시하여야 한다.

긴급안전점검은 「시설물의 안전 및 유지관리 실시 등에 관한 지침」 제11조에 따라 관리주체가 필요하다고 판단한 때 또는 관계 행정기관의 장이 필요하다고 판단하여 관리주체에게 요청한 때에 실시하는 정밀안전점검 수준의 안전점검이며 실시목적에 따라 손상점검과 특별점검으로 구분하여 실시하여야 한다.

정밀안전진단은 「시설물의 안전 및 유지관리 실시 등에 관한 지침」 제12조에 따라 「시설물안전법」 제12조제2항에 따라 관리주체가 안전점검을 실시한 결과 시설물의 재해 및 재난을 예방하기 위하여 필요하다고 인정하는 경우에 실시한다. 제1종시설물에 해당하는 시설물은 같은 법 시행령 제10조제1항에 따라 정기적으로 실시한다. 또한 정밀안전진단은 안전점검으로 쉽게 발견할 수 없는 결함부위를 발견하기 위하여 정밀한 외관조사와 각종 측정·시험장비에 의한 측정·시험을 실시하여 시설물의 상태평가 및 안전성평가에 필요한 데이터를 확보한다.

　아울러 전체시설물의 표면에 대한 외관조사 결과는 도면으로 기록하여야 하며, 시설물 전체 부재별 상태를 평가하고 시설물 전체에 대한 상태평가 결과를 결정하여야 한다. 정밀안전진단에서는 시설물의 결함 정도에 따라 필요한 조사·측정·시험, 구조계산, 수치해석 등을 실시하고 분석·검토하여 안전성평가 결과를 결정하여야 한다. 또한 필요한 경우에는 시설물의 내진성능 등도 평가하여야 한다. 그리고 정밀안전진단 결과 보수·보강이 필요한 경우에는 보수·보강방법을 제시하여야 한다. 이 경우 보수·보강 시 예상되는 임시 고정하중(공사용 장비 및 자재 등)이 현저하게 작용하는 상황에 대한 구조 안전성평가를 포함하여야 한다.

제 2 장
안전점검 관련 주요 법령

제 2 장 안전점검 관련 주요 법령

제 1 절 안전점검의 제도 변천

안전점검제도는 부산 구포역 열차전복 사고를 계기로 「재해의 예방·수습에 관한 훈령이 제정('93.7.)」된 이후 성수대교 붕괴로 인하여 「시특법('95.1.)」 및 「재난관리법('95.7.)」이 제정되어 지속적으로 발전하고 있다. 안전점검제도 변천 과정은 그림 2.1과 같다.

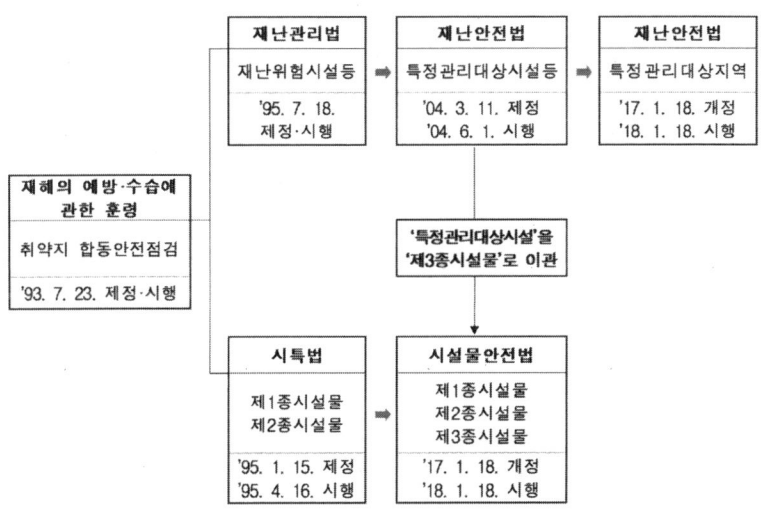

그림 2.1 안전점검제도 변천

재난예방을 위하여 계속적으로 관리할 필요가 있다고 지정하는 '특정관리대상시설등'에 대한 변천 과정은 표 2.1과 같다.

표 2.1 특정관리대상시설등의 변천

법령명	시행일자	약칭	대상시설
재난관리법	'95.7.18.	재난위험시설등	• 재난이 발생할 우려가 높은 시설이나 지역
재난안전법	'04.6.1.	특정관리대상시설등	• 재난이 발생할 위험이 높거나 재난예방을 위하여 계속적으로 관리할 필요가 있다고 인정되는 시설 및 지역
재난안전법 (개정)	'18.1.18	특정관리대상지역	• 재난이 발생할 위험이 높거나 재난예방을 위하여 계속적으로 관리할 필요가 있다고 인정되는 지역
시설물안전법 (개정)		특정관리대상시설	• '특정관리대상시설'을 '제3종시설물'로 이관

1. 재해의 예방·수습에 관한 훈령

 안전점검은 1993년 3월 28일 부산 구포역 열차전복 사고를 계기로 국무총리실에서 각종 재해의 예방과 수습에 대한 종합적·체계적 관리체계 구축을 위하여 「재해의 예방·수습에 관한 훈령(국무총리훈령 제280호)」을 1993년 7월 23일 제정·시행하였다.

 「재해의 예방·수습에 관한 훈령」 제3조, 제10조, 제11조, 제12조에 따라 각종 사고로 인한 주무부처를 지정하였으며, 사고예방을 위하여 각종 재해를 사전 예방하기 위한 제반 대책 마련 및 업무협조를 위하여 시·도와 시·군·구(자치구인 구에 한한다)에 재해예방대책협의회를 설치하고 실무를 담당하기 위하여 재해 유형별 실무협의회를 두었다.

 협의회 및 실무협위회에서는 취약지에 대한 합동 안전점검반을 편성·운영하도록 하였다.

 이 훈령은 1995년 7월 18일 「재난관리법」이 제정된 후 폐지하였다.

2. 재난관리법

국민 생활의 안전을 도모하기 위하여 재난관리체계의 구축과 긴급구조구난 체계의 확립을 위하여 「재난관리법」을 1995년 7월 18일 제정·시행하였다.

「재난관리법」 제13조에 따라 각급 재난관리책임기관의 장은 재난이 발생할 우려가 높은 소관 시설이나 지역을 재난위험시설 또는 지역(이하 "재난위험시설등"이라 한다)으로 지정한 때에는 재난의 예방을 위하여 재난위험시설등에 대한 점검(정기, 수시) 및 정비·보수와 재난발생의 위험성을 해소하기 위한 장·단기계획을 수립·시행하도록 하였다.

이 법은 「재난안전법」 제정에 따라 2004년 6월 1일 폐지하였다.

3. 재난안전법

「자연재해대책법」과 「재난관리법」에서 사용하던 자연재해와 인적재난의 개념을 통합하고, 에너지·통신·교통 등으로 발생하는 사회적 재난도 포함하였다. 재난관리시스템을 기능중심 조직에서 재난관리 과정별로 재편하고, 재난관리체계 일원화를 통한 총괄·조정 기능을 강화하기 위하여 「재난안전법」을 2004년 3월 11일 제정하여 2004년 6월 1일 시행하였다.

「재난안전법」 제26조 및 제27조에 따라 재난관리책임기관의 장은 재난이 발생할 위험이 높거나 재난 예방을 위하여 계속적으로 관리할 필요가 있다고 인정되는 시설(이하 "특정관리대상시설"이라 한다)의 지정 및 관리를 위하여 특정관리대상시설로부터 재난발생의 위험성을 제거하기 위한 장·단기계획의 수립·시행과 특정관리대상시설에 대한 안전점검 또는 정밀안전진단은 다른 법령에 의한 안전점검 또는 정밀안전진단에 관한 기준에 의하되, 다른 법령의 적용을 받지 아니하는 시설에 대하여는 행정자치부령이 정하는 기준에 의하도록 하였다. 2007년 1월 26일 특정관리대상지역을 포함하여 '특정관리대상시설등'으로 개정하였다.

시설물에 대한 안전관리를 행정안전부(구, 국민안전처)와 국토교통부로 이원화되어 있던 안전관리를 국토교통부로 일원화하기 위하여 '특정관리대상시설'을 「시설물안전법」의 '제3종시설물'로 규정하여 2018년 1월 18일 이관하였다.

4. 시특법 및 시설물안전법

「시특법」은 시설물의 안전점검 및 적정한 유지관리를 통한 국민의 생명과 재산을 보호하고 시설물의 효용성 증진 및 공공의 안전 확보 및 국민 복리의 향상을 도모하기 위하여 1995년 1월 5일 제정하여 1995년 4월 6일 시행하였다. 안전점검 및 유지관리대상은 시설물의 위험도·공공성 등을 고려하여 1종 시설물과 2종 시설물로 구분하고 관리주체에 따라 공동관리주체와 민간관리주체로 구분하여 관리하도록 하였다.

「시설물안전법」은 행정안전부에서 관리하던 '특정관리대상시설'을 '제3종시설물'로 이관 받아 「시특법」을 「시설물안전법」으로 개정('17.1.18)하여 2018년 1월 18일 시행하였다.

제 2 절 안전점검의 주요 법령

1. 재난안전법

1) 특정관리대상지역의 지정 및 관리

(1) 안전점검 대상

안전점검 대상은 「재난안전법」 제27조에 따라 재난이 발생할 위험이 높거나 재난예방을 위하여 계속적으로 관리할 필요가 있다고 인정되는 지역(특정관리대상지역)을 지정할 수 있다.

특정관리대상지역은 중앙행정기관의 장 또는 지방자치단체의 장이 지정하도록 하고 있으며, 대상지역은 자연재난으로 인한 피해의 위험이 높거나 피해가 우려되는 지역과 재난예방을 위하여 관리할 필요가 있다고 인정되는 지역이다. 「재난안전법」 제41조제1항에 따른 위험구역과 「산업입지 및 개발에 관한 법률」 제26조의 따른 공공시설이 설치된 지역, 「산업집적활성화 및 공장설립에 관한 법률」 제33조제6항에 따른 산업시설구역에 해당하는 지역과 그 밖에 재난관리책임기관의 장이 재난의 예방을 위하여 특별히 관리할 필요가 있다고 인정하는 지역을 지정하도록 하고 있다.

특정관리대상지역을 지정하거나 해제할 때에는 그 사실을 특정관리대상지역의 소유자·관리자 또는 점유자(이하 "관계인"이라 한다)에게 알려주어야 한다.

(2) 안전점검 시기

안전점검 시기는 「재난안전법 시행령」 제31조제1항에 따라 중앙행정기관의 장 또는 지방자치단체의 장이 소관 지역의 현황을 매년 정기 또는 수시로 조사하여야 한다. 특정관리대상지역으로 지정된 지역에 대하여는 재난 발생의 위험성을 제거하기 위한 조치 등 특정관리대상지역의 관리·정비에 필요한 조치를 하여야 한다.

재난관리책임기관의 장은 특정관리대상지역에 대한 정기안전점검 및 수시안전점검을 실시하여야 한다. 정기안전점검은 A·B·C등급에 해당하는 지역은 반기별 1회 이상, D등급에 해당하는 지역은 월 1회 이상, E등급에 해당하는 지역에 대하여는 월 2회 이상 정기안전점검을 실시하여야 한다. 수시안전점검은 재난관리책임기관의 장이 필요하다고 인정하는 경우 실시한다.

(3) 안전등급 평가

안전등급 평가는 「재난안전법 시행령」 제34조의2에 따라 특정관리대상지역의 지정·관리 등에 관한 지침에서 정하는 평가 기준은 표 2.2와 같다.

표 2.2 특정관리대상지역 안전등급 구분

등급	지역의 상태
A등급	안전도가 우수한 경우
B등급	안전도가 양호한 경우
C등급	안전도가 보통인 경우
D등급	안전도가 미흡한 경우
E등급	안전도가 불량한 경우

※ 자료 : 재난안전법 시행령 제34조의2 제1항제1호부터 제5호 재구성

2) 긴급안전점검

안전점검은 점검 방법이나 전문성 확보 등으로 원칙적으로 재난관리책임기관이 실시하여야 하나 재난발생의 위험이 있거나 긴급한 경우에는 행정안전부장관에게 안전점검을 실시할 수 있도록 방법과 절차를 개선하기 위하여 규정하였다.

개별법에 의한 각종 안전점검과의 중복을 피하고 점검의 적시성을 확보하기 위해 행정안전부장관이 직접 긴급안전점검을 실시하거나 재난관리책임기관의 장에게 긴급안전점검을 실시하도록 요구할 수 있다. 행정안전부장관은 긴급안전점검을 하면 그 결과를 해당 재난관리책임기관의 장에게 통보하여야 한다.

안전점검결과 재난발생의 위험이 높은 시설 또는 지역에 대해서 신속하게 재난위험요인을 제거할 수 있도록 정밀안전진단 등 안전조치 명령권을 행정안전부장관과 재난관리책임기관의 장에게 사전예방 기능을 부여하였다.

긴급안전점검은 「재난안전법」 제30조에 따라 특정관리대상지역과 그 밖에 행정안전부장관이 긴급안전점검이 필요하다고 인정하는 시설 및 지역을 점검대상으로 하고 있다. 그 사유는 사회적으로 피해가 큰 재난이 발생하여 피해시설의 긴급한 안전점검이 필요하거나 이와 유사한 시설의 재난예방을 위하여 점검이 필요한 경우와 계절적으로 재난발생이 우려되는 취약시설에 대한 안전대책이 필요한 경우에 한정하고 있다.

「재난안전법」 제31조에 따라 긴급안전점검 결과 재난 발생의 위험이 높다고 인정되는 시설 또는 지역에 대하여는 그 관계인에게 정밀안전진단, 보수 또는 보강 등 정비, 재난을 발생시킬 위험요인의 제거를 명할 수 있다. 안전조치 명령을 받은 관계인은 이행계획서를 작성하여 행정안전부장관 또는 재난관리책임기관의 장에게 제출한 후 안전조치를 하고, 그 결과를 행정안전부장관 또는 재난관리책임기관의 장에게 통보하여야 한다.

3) 정부합동 안전점검

2009년 11월 14일 발생한 부산실내사격장 화재 사고는 국격에 맞지 않는 후진국형 사고다. 이를 계기로 국민의 의식을 바꾸고 안전의식을 높여 후진적인 안전사고가 재발하지 않도록 2009년 11월 17일 국무회의시 대통령 지시사항에 따라 마련한 "국가 품격 기반조성을 위한 안전제도 개선 및 의식선진화 종합대책"추진을 하였다. 범정부 차원의 상시 점검체계로 2010년 1월 정부합동안전점검단이 출범하였다. 2014년 11월 국민안전처로 이관하였고, 2017년 7월에 행정안전부로 이관되어 운영하고 있다.

정부합동 안전점검은 「재난안전법」 제32조에 따라 재난관리책임기관의 재난 및 안전관리 실태를 점검하기 위하여 정부합동안전점검단을 편성하여 표 2.3과 같이 정기점검과 수시점검을 실시하고 있다.

표 2.3 정부합동 안전점검 구분

구 분	점검내용
정기점검	• 계절적 요인 등을 고려하여 정기적으로 실시하는 점검
수시점검	• 사회적 쟁점, 유사한 사고의 방지 등을 위하여 수시로 실시하는 점검

정부합동안전점검단은 관계 재난관리책임기관의 장에게 관련 공무원 또는 직원의 파견을 요청할 수 있다. 현재 행정안전부 소속의 기술서기관이 단장을 맡고 있다. 단원으로는 행정안전부 4명, 한국가스안전공사, 한국전기안전공사, 한국전력공사, 국토안전관리원, 한국안전보건공단에서 각 1명을 파견 받아 운영하고 있다. 정부합동 안전점검은 개별법에 따른 정기점검 또는 수시점검과 별도로 특별한 사안이 있는 경우 정부부처 합동안전점검의 특별안전점검의 성격을 띠고 있다. 정부합동안전점검단에서는 정부부처 합동점검만 가능하고 개별법에 따른 사유시설은 직접 점검을 할 수 없다.

4) 국가안전대진단

국가안전대진단은 「재난안전법」 제32조3에 따라 집중 안전점검 기간 운영으로 2019년 12월 3일 신설되어, 2020년 6월 3일 시행되었다.

2014년 4월 16일 여객선 세월호 침몰사고 이후 사회 전반의 안전관리 실태를 점검하고 개선하고자 2015년도에 도입하였다. 중앙부처, 지자체, 공공기관, 민간전문가, 국민 모두가 참여하여 매년 약 2~3개월 동안 대대적인 집중점검을 실시하였다. 각 기관별 안전점검, 국민안전신고 등을 통해 안전에 대한 국민의 관심을 높이고 사회적 안전운동으로 이루어지도록 하는 안전예방 활동을 전개하였다.

2. 시설물안전법

1) 안전점검 대상

안전점검 대상은 「시설물안전법」 제7조 및 제8조에 따라 제1종시설물, 제2종시설물, 제3종시설물로 표 2.4 및 표 2.5와 같다.

표 2.4 제1종시설물 및 제2종시설물 안전점검대상

구 분	제1종시설물	제2종시설물
1. 교량		
가. 도로교량	1) 상부구조형식이 현수교, 사장교, 아치교 및 트러스교인 교량 2) 최대 경간장 50미터 이상의 교량(한 경간 교량은 제외한다) 3) 연장 500미터 이상의 교량 4) 폭 12미터 이상이고 연장 500미터 이상인 복개구조물	1) 경간장 50미터 이상인 한 경간 교량 2) 제1종시설물에 해당하지 않는 교량으로서 연장 100미터 이상의 교량 3) 제1종시설물에 해당하지 않는 복개구조물로서 폭 6미터 이상이고 연장 100미터 이상인 복개구조물
나. 철도교량	1) 고속철도 교량 2) 도시철도의 교량 및 고가교 3) 상부구조형식이 트러스교 및 아치교인 교량	제1종시설물에 해당하지 않는 교량으로서 연장 100미터 이상의 교량

구 분		제1종시설물	제2종시설물
		4) 연장 500미터 이상의 교량	
2. 터널			
	가. 도로터널	1) 연장 1천미터 이상의 터널 2) 3차로 이상의 터널 3) 터널구간의 연장이 500미터 이상인 지하차도	1) 제1종시설물에 해당하지 않는 터널로서 고속국도, 일반국도, 특별시도 및 광역시도의 터널 2) 제1종시설물에 해당하지 않는 터널로서 연장 300미터 이상의 지방도, 시도, 군도 및 구도의 터널 3) 제1종시설물에 해당하지 않는 지하차도로서 터널구간의 연장이 100미터 이상인 지하차도
	나. 철도터널	1) 고속철도 터널 2) 도시철도 터널 3) 연장 1천미터 이상의 터널	제1종시설물에 해당하지 않는 터널로서 특별시 또는 광역시에 있는 터널
3. 항만			
	가. 갑문	갑문시설	
	나. 방파제, 파제제 및	연장 1천미터 이상인 방파제	1) 제1종시설물에 해당하지 않는 방파제로

구 분		제1종시설물	제2종시설물
	호안		서 연장 500미터 이상의 방파제
			2) 연장 500미터 이상의 파제제
			3) 방파제 기능을 하는 연장 500미터 이상의 호안
	다. 계류시설	1) 20만톤급 이상 선박의 하역시설로서 원유부이(BUOY)식 계류시설(부대시설인 해저송유관을 포함한다)	1) 제1종시설물에 해당하지 않는 원유부이식 계류시설로서 1만톤급 이상의 원유부이식 계류시설(부대시설인 해저송유관을 포함한다)
		2) 말뚝구조의 계류시설 (5만톤급 이상의 시설만 해당한다)	2) 제1종시설물에 해당하지 않는 말뚝구조의 계류시설로서 1만톤급 이상의 말뚝구조의 계류시설
			3) 1만톤급 이상의 중력식 계류시설
4. 댐		다목적댐, 발전용댐, 홍수전용댐 및 총저수용량 1천만톤 이상의 용수전용댐	제1종시설물에 해당하지 않는 댐으로서 지방상수도전용댐 및 총저수용량 1백만톤 이상의 용수전용댐

구 분	제1종시설물	제2종시설물
5. 건축물		
가. 공동주택		16층 이상의 공동주택
나. 공동주택 외의 건축물	1) 21층 이상 또는 연면적 5만제곱미터 이상의 건축물 2) 연면적 3만제곱미터 이상의 철도역시설 및 관람장 3) 연면적 1만제곱미터 이상의 지하도상가 (지하보도면적을 포함한다)	1) 제1종시설물에 해당하지 않는 건축물로서 16층 이상 또는 연면적 3만제곱미터 이상의 건축물 2) 제1종시설물에 해당하지 않는 건축물로서 연면적 5천제곱미터 이상(각 용도별 시설의 합계를 말한다)의 문화 및 집회시설, 종교시설, 판매시설, 운수시설 중 여객용 시설, 의료시설, 노유자시설, 수련시설, 운동시설, 숙박시설 중 관광숙박시설 및 관광 휴게시설 3) 제1종시설물에 해당하지 않는 철도 역시설로서 고속철도, 도시철도 및 광역철도 역시설 4) 제1종시설물에 해당하지 않는 지하도상

구 분	제1종시설물	제2종시설물
		가로서 연면적 5천 제곱미터 이상의 지하도상가(지하보도면적을 포함한다)
6. 하천		
가. 하구둑	1) 하구둑 2) 포용조수량 8천만톤 이상의 방조제	제1종시설물에 해당하지 않는 방조제로서 포용조수량 1천만톤 이상의 방조제
나. 수문 및 통문	특별시 및 광역시에 있는 국가하천의 수문 및 통문(通門)	1) 제1종시설물에 해당하지 않는 수문 및 통문으로서 국가하천의 수문 및 통문 2) 특별시, 광역시, 특별자치시 및 시에 있는 지방하천의 수문 및 통문
다. 제방		국가하천의 제방[부속시설인 통관(通管) 및 호안(護岸)을 포함한다]
라. 보	국가하천에 설치된 높이 5미터 이상인 다기능 보	제1종시설물에 해당하지 않는 보로서 국가하천에 설치된 다기능 보
마. 배수 펌프장	특별시 및 광역시에 있는 국가하천의 배수펌프장	1) 제1종시설물에 해당하지 않는 배수펌프장으로서 국가하천의 배수펌프장

구 분	제1종시설물	제2종시설물
		2) 특별시, 광역시, 특별자치시 및 시에 있는 지방하천의 배수펌프장
7. 상하수도		
가. 상수도	1) 광역상수도 2) 공업용수도 3) 1일 공급능력 3만톤 이상의 지방상수도	제1종시설물에 해당하지 않는 지방상수도
나. 하수도		공공하수처리시설(1일 최대처리용량 500톤 이상인 시설만 해당한다)
8. 옹벽 및 절토사면		1) 지면으로부터 노출된 높이가 5미터 이상인 부분의 합이 100미터 이상인 옹벽 2) 지면으로부터 연직(鉛直)높이(옹벽이 있는 경우 옹벽 상단으로부터의 높이) 30미터 이상을 포함한 절토부(땅깎기를 한 부분을 말한다)로서 단일 수평연장 100미터 이상인 절토사면
9. 공동구		공동구

표 2.5 제3종시설물 안전점검대상

1. 토목분야 : 준공 후 10년이 경과된 시설물(마목은 제외한다)로서 다음 구분에 따른 시설물

구 분	대 상 범 위
가. 교량	1) 「도로법」 제10조에 따른 도로에 설치된 연장 20미터 이상 100미터 미만인 도로교량 2) 「도로법」 제10조에 따른 도로 외의 도로에 설치된 연장 20미터 이상인 교량 3) 연장 100미터 미만인 철도교량
나. 터널	1) 연장 300미터 미만의 지방도, 시도, 군도 및 구도의 터널 2) 「농어촌도로 정비법 시행령」 제2조제1호에 따른 터널 3) 연장 100미터 미만인 지하차도 4) 제1종시설물에 해당하지 않는 터널로서 특별시 및 광역시 외의 지역에 있는 철도터널
다. 육교	보도육교
라. 옹벽	1) 지면으로부터 노출된 높이가 5미터 이상인 부분이 포함된 연장 100미터 이상인 옹벽 2) 지면으로부터 노출된 높이가 5미터 이상인 부분이 포함된 연장 40미터 이상인 복합식 옹벽
마. 그 밖의 시설물	그 밖에 중앙행정기관의 장 또는 지방자치단체의 장이 재난예방을 위해 안전관리가 필요한 것으로 인정하는 교량・터널・옹벽・항만・댐・하천・상하수도 등의 구조물(부대시설을 포함한다)과 이와 구조가 유사한 시설물

※ 시설물안전법 시행령 제5조(제3종시설물의 지정·해제) 제2항

1. 시설물 중 같은 표 제1호가목1), 3) 및 같은 호 나목1), 2), 4)에 해당하는 시설물 : 제3종시설물로 지정할 것

2. 건축분야 : 준공 후 15년이 경과된 시설물(다목은 제외한다)로서 다음 구분에 따른 시설물

구 분	대 상 범 위
가. 공동주택	1) 5층 이상 15층 이하인 아파트 2) 연면적이 660제곱미터를 초과하고 4층 이하인 연립주택 3) 연면적 660제곱미터 초과인 기숙사
나. 공동주택 외의 건축물	1) 11층 이상 16층 미만 또는 연면적 5천제곱미터 이상 3만제곱미터 미만인 건축물(동물 및 식물 관련 시설 및 자원순환 관련 시설은 제외한다) 2) 연면적 1천제곱미터 이상 5천제곱미터 미만인 문화 및 집회시설, 종교시설, 판매시설, 운수시설, 의료시설, 교육연구시설(연구소는 제외한다), 노유자시설, 수련시설, 운동시설, 숙박시설, 위락시설, 관광 휴게시설, 장례시설 3) 연면적 500제곱미터 이상 1천제곱미터 미만인 문화 및 집회시설(공연장 및 집회장만 해당한다), 종교시설 및 운동시설 4) 연면적 300제곱미터 이상 1천제곱미터 미만인 위락시설 및 관광휴게시설 5) 연면적 1천제곱미터 이상인 공공업무시설(외국공관은 제외한다) 6) 연면적 5천제곱미터 미만인 지하도상가(지하보도 면적을 포함한다)
다. 그 밖의 시설물	그 밖에 중앙행정기관의 장 또는 지방자치단체의 장이 재난예방을 위해 안전관리가 필요한 것으로 인정하는 시설물

2) 안전점검 시기 및 안전등급 평가

(1) 정기안전점검 및 정밀안전점검

정기안전점검과 정밀안전점검은 「시설물안전법」 제11조제1항 및 같은 법 시행령 제8조제1항에 따라 시설물의 관리주체 및 지방자치단체에서 상태등급에 따라 정기안전점검과 정밀안전점검을 표 2.6과 같이 주기적으로 실시한다.

표 2.6 정기안전점검, 정밀안전점검의 대상 및 주기

구 분	정기안전점검	정밀안전점검	
		건축물	건축물 외 시설물
점검대상	제1종·제2종·제3종	제1종·제2종	
A등급	반기에 1회 이상	4년에 1회 이상	3년에 1회 이상
B·C등급		3년에 1회 이상	2년에 1회 이상
D·E등급	1년에 3회 이상	2년에 1회 이상	1년에 1회 이상

준공 또는 사용승인 후부터 최초 안전등급이 지정되기 전까지의 기간에 실시하는 정기안전점검은 반기에 1회 이상 실시한다. 제1종 및 제2종 시설물 중 D·E등급 시설물의 정기안전점검은 해빙기·우기·동절기 전 각각 1회 이상 실시한다. 이 경우 해빙기 전 점검시기는 2월·3월로, 우기 전 점검시기는 5월·6월로,

동절기 전 점검시기는 11월·12월로 한다.

정밀안전점검 및 정밀안전진단의 실시 주기는 이전 정밀안전점검 및 정밀안전진단을 완료한 날을 기준으로 한다. 다만, 정밀안전점검 실시 주기에 따라 정밀안전점검을 실시한 경우에도 법 제12조에 따라 정밀안전진단을 실시한 경우에는 그 정밀안전진단을 완료한 날을 기준으로 정밀안전점검의 실시 주기를 정한다.

정밀안전점검, 긴급안전점검 및 정밀안전진단의 실시 완료일이 속한 반기에 실시하여야 하는 정기안전점검은 생략할 수 있다. 정밀안전진단의 실시 완료일부터 6개월 전 이내에 그 실시 주기의 마지막 날이 속하는 정밀안전점검은 생략할 수 있다.

정기안전점검은 국토교통부의 제3종시설물 안전등급 평가 매뉴얼에 따라 시설물의 구조적 특성과 용도에 따른 제반 관리사항을 각 시설물의 특성에 맞게 점검하는 것이 필요하다.

안전등급 평가는 해당 시설물의 점검표를 활용하여 상태점수를 결정하고, 주요시설, 일반시설, 부대시설에 대한 상대적 가중치를 고려하여 종합점수를 산정한 후 표 2.7과 같이 산정된 종합점수에 따라 등급을 결정한다.

표 2.7 제3종시설물 안전등급별 종합 상태점수 범위

안전등급	A등급	B등급	C등급	D등급	E등급
종합점수 범위	100 ~ 90점 이상	75점 이상 ~ 90점 미만	60점 이상 ~ 75점 미만	50점 이상 ~ 60점 미만	50점 미만

다만, 안전등급평가 시 시설물의 구조안전에 중대한 영향을 미치는 심각한 손상 또는 위험요인이 있어 중요한 보수·보강 조치 또는 긴급안전점검·정밀안전진단 등이 필요한 경우에는 이를 명시하고, 해당시설 상태점수 감점 등을 통해 안전등급을 D등급 또는 E등급으로 조정하여야 한다.

(2) 정밀안전진단

정밀안전진단은 「시설물안전법」 제12조제1항 및 같은 법 시행령 제10조제1항에 따라 관리주체가 정기적으로 실시하는 것으로서 내진성능을 포함한 제1종시설물을 진단대상으로 한다. 점검 주기는 준공일 또는 사용승인일로부터 10년이 지날 때에 표 2.8과 같이 상태등급에 따라 실시한다.

표 2.8 정밀안전진단 대상 및 주기

구 분	대상	점검주기
정밀안전진단	제1종	- A등급 : 6년에 1회 이상 - B등급·C등급 : 5년에 1회 이상 - D등급·E등급 : 4년에 1회 이상

정밀안전진단 전문기관은 해당시설물을 설계·시공·감리한 자 또는 그 계열회사인 안전진단 전문기관과 해당 시설물의 관리주체에 소속되어 있거나 그 자회사인 안전진단전문기관은 금지하도록 하고 있다. 다만, 공공관리주체인 안전진단전문기관으로서 소관 시설물의 구조적 특수성으로 해당 기관의 전문기술이 필요하여 국토교통부장관이 인정하는 경우에는 할 수 있다.

「시설물의 안전 및 유지관리 실시 세부지침」에 따라 제1종 및 제2종 건축물의 종합평가는 "상태평가", "변위/변형", "안전성평가"에 대해서 각 평가항목, 부재, 층별 중요도를 고려하여 부재단위, 층단위, 건축물 전체단위에 대하여 실시하고, 각 평가항목에 대한 평가기준은 그 상태에 따라 A~E의 5단계로 구분하고, 각 평가기준에 해당하는 평가점수를 각각의 개별 평가항목에 대하여 퍼지이론을 적용한 전용 평가프로그램(Safety MAN_www.kistec.or.kr에서 다운로드 가능)을 통해 대푯값 X를 산출하여 표 2.9와 같이 종합평가(A~E 등급)한다.

표 2.9 제1종 및 제2종 시설물 안전등급별 평가점수 범위

종합평가기준	평가점수	
	범위	대표값
A	0≤X<2	1
B	2≤X<4	3
C	4≤X<6	5
D	6≤X<8	7
E	8≤X<10	9

(3) 긴급안전점검

긴급안전점검은 「시설물안전법」 제13조에 따라 관리주체는 시설물의 붕괴·전도 등으로 인한 재난 또는 재해가 발생할 우려가 있는 경우 시설물의 물리적·기능적 결함을 신속하게 발견하기 위하여 실시한다. 다만, 시설물의 구조상 공중의 안전한 이용이 중대한 영향을 미칠 우려가 있는 경우에는 국토교통부장관 또는 관계 행정기관의 소속 공무원으로 하여금 긴급안전점검을 실시하거나, 또는 관리주체 등에게 긴급안전점검을 실시할 것을 요구할 수 있다.

국토교통부장관 및 관계 행정기관의 장이 긴급안전점검을 실시하는 경우에는 관계기관 또는 전문가와 합동으로 실시할 수 있다. 국토교통부장관 및 관계 행정기관의 장은 긴급안전 점검 결과를 해당 관리주체에 통보하고 시설물의 안전을 확보하기 위하여 필요하다고 인정하는 경우에는 정밀안전진단의 실시, 보수·보강 등 필요한 조치를 취할 것을 명할 수 있다.

관리주체 또는 관계 행정기관의 장은 긴급안전점검을 실시하는 경우에는 그 결과보고서를 국토교통부장관에게 제출하여야 한다.

3) 안전점검자의 자격

안전점검자의 자격은 「시설물안전법 시행령」 제9조 및 같은 법 시행규칙 제10조에 따라 안전점검 등을 실시할 수 있는 책임기술자에 대하여 자격 및 교육을 이수하도록 하고 있다.

안전점검의 경우 기술자의 요건은 「건설기술진흥법 시행령」에 따른 토목, 건축 또는 안전관리자(건설안전) 직무분야의 건설기술자 중 초급기술자이상 또는 「건축사법」에 따른 건축사의 자격요건을 갖춘 사람이 한다.

실무경력 요건을 초급자 또는 건축사는 국토교통부장관이 인정하는 해당분야(토목, 건축 분야로 구분한다)의 **신규교육** 및 신규교육 이수 후 5년마다 **보수교육을 이수**하여야 한다.

정기안전점검은 35시간 이상, 보수교육은 7시간 이수하여야 한다. 정밀안전점검 및 정밀안전진단은 70시간 이상, 보수교육은 14시간 이상 이수하여야 한다. 교육기관은 건설안전교육의 교육기관, 국가 또는 지방자치단체 소속 공무원 교육원, 국토안전관리원 등에서 실시한다.

또한 **제3종시설물**의 **정기안전점검**은 관리주체에 책임기술자의 자격을 갖춘 소속 직원이 교육을 이수한 경우 시설물 전체에 대한 상태평가로 결정하고, 책임기술자의 자격을 갖춘 소속 직원이 없는 경우에는 대행업체를 통해 점검을 수행하여야 한다.

3. 건축물관리법

1) 안전점검 대상

(1) 정기점검

「건축물관리법」 제13조 및 같은 법 시행령 제8조에 따라 다중이용업의 용도로 쓰는 건축물 중 시·군·구 조례로 정하는 건축물, 집합건축물로서 연면적의 합계가 3,000㎡ 이상인 건축물, 다중이용건축물, 준다중이용 건축물로서 특수구조 건축물에 대하여 정기점검을 실시하여야 한다.

(2) 소규모 노후 건축물 등 점검

「건축물관리법」 제15조에 따라 특별자치시장·특별자치도지사 또는 시장·군수·구청장은 사용승인 후 30년 이상 지난건축물 중 조례로 정하는 규모의 건축물, 「건축법」 제2조제2항제11호에 따른 노유자시설, 「장애인·고령자 등 주거약자 지원에 관한 법률」 제2조제2호에 따른 주거약자용 주택과 「건축물관리법 시행령」 제10조에 따라 리모델링 활성화 구역 내 건축물, 방재지구내 건축물, 해체된 정비예정구역 또는 정비구역 내 건축물, 도시재생활성화구역 내 건축물, 자연재해위험개선지구 내 건축물, 건축법 제정일(1962년 1월 20일) 이전 건축된 건축물, 그 밖에 안전에 취약하거나 재난 발생 우려가 큰 건축물 등 시·군·구 조례로 정하는 건축물 중 안전에 취약하거나 재난의 위험이 있다고 판단되는 건축물을 대상으로 구조안전, 화재안전 및 에너지성능 등을 점검할 수 있다.

(3) 긴급점검

「건축물관리법」 제14조에 따라 특별자치시장·특별자치도지사 또는 시장·군수·구청장은 재난 등으로부터 건축물의 안전을 확보하기 위하여 점검이 필요하다고 인정되는 경우, 건축물의 노후화가 심각하여 안전에 취약하다고 인정되는 경우와 같은 법 시행령 제9조에 따라 부실 설계 또는 시공 등으로 인하여 건축물의 붕괴·전도 등이 발생할 위험이 있다고 판된되는 경우, 그 밖에 건축물의 안전한 이용에 중대한 영향을 미칠 우려가 있다고 인정되는 경우 등 시·군·구 조례로 정하는 경우에는 해당 건축물의 관리자에게 건축물의 구조안전, 화재안전 등을 점검하도록 요구하여야 한다.

2) 안전점검 시기

정기점검은 「건축물관리법」 제13조제3항에 따라 해당 건축물의 사용승인일로부터 5년 이내에 최초로 실시하고, 점검을 시작한 날을 기준으로 3년(매 3년이 되는 해의 기준일과 같은 날 전날까지를 말한다)마다 실시하여야 한다.

긴급점검의 실시는 관리자가 긴급점검 실시를 요구받은 날부터 1개월 이내에 실시하여야 한다.

3) 안전등급 평가

정기점검은 「건축물관리법」 제13조제2항 및 같은 법 시행령 제8조에 따라 대지는 「건축법」 제40조(대지의 안전), 제42조(대지의 조경)부터 제44조(대지와 도로와의 관계)까지 및 제47조(건축선에 따른 건축 제한), 높이 및 형태는 「건축법」 제55조(건축물의 건폐율), 제56조(건축물의 용적률), 제58조(대지 안의 공지), 제60조(건축물의 높이 제한) 및 제61조(일조 등의 확보를 위한 건축물의 높이 제한), 구조안전은 「건축법」 제48조(구조내력 등)와 건축물의 외관 및 주요구조부의 상태 등 건축물관리점검지침에서 정하는 사항에 적합한지 여부(건축법 제22조에 따른 사용승인을 받은 날부터 20년이 지난 후에 처음 실시하는 정기점검만 해당), 화재안전은 「건축법」 제49조(건축물의 피난시설 및 용도제한 등), 제50조(건축물의 내화구조와 방화벽), 제50조의2(고층건축물의 피난 및 안전관리), 제51조(방화지구안의 건축물), 제52조(건축물의 마감재료), 제52의2(실내건축), 제53조(지하층), 건축설비는 「건축법」 제62조(건축설비 기준 등) 및 제64조(승강기), 에너지 및 친환경 관리는 「건축법」 제65조의 2(지능형건축물의 인증)와 「녹색건축물 조성지원법」 제15조(건축물에 대한 효율적인 에너지 관리와 녹색건축물 조성의 활성화), 제15조의2(녹색건축물의 유지·관리), 제16조(녹색건축물의 인증) 및 제17조(건축물의 에너지효율등급 인증 및 제로에너지건축물 인증), 범죄예방은 「건축법」 제53조의2(건축물의 범죄예방), 건축물관리계획은 수립과 이행이 적합한지 여부 등에 대하여 실시한다. 다만, 해당 연도에 「도시 및 주거환경정비법」, 「공동주택관리법」, 「시설물안전법」에 따른 안전점검 또는 안전진단을 실시된 경우에는 정기점검 중 구조안전에 관한 사항을 생략할 수 있다.

긴급점검은 「건축물관리법 시행령」 제9조에 따라 구조안전은 「건축법」 제48조(구조내력 등), 화재안전은 「건축법」 제49조(건축물의 피난시설 및 용도제한 등), 제50조(건축물의 내화구조와 방화벽), 제50조의2(고층건축물의 피난 및 안전관리), 제51조(방화지구안의 건축물), 제52조(건축물의 마감재료), 제52조의2(실내건축), 제53조(지하층), 그 밖에 건축물의 안전을 확보하기 위하여 점검이 필요하다고 인정되는 사항 등에 대하여 실시한다.

안전진단은 「건축물관리법」 제16조에 따라 관리자는 정기점검, 긴급점검, 소규모 노후 건축물 등 점검을 실시한 결과 건축물의 안전성 확보를 위하여 필요하다고 인정되는 경우 건축물의 안전성 결함의 원인 등을 조사·측정·평가하여 보수·보강 등의 방안을 제시하기 위하여 실시하여야 한다.

특별자치시장·특별자치도지사 또는 시장·군수·구청장은 건축물에 중대한 결함이 발생한 경우, 건축물의 붕괴·전도 등이 발생할 위험이 있다고 판단하는 경우, 재난 예방을 위하여 안전진단이 필요하다고 인정되는 경우, 그 밖에 건축물의 성능이 저하되어 공중의 안전을 침해할 우려가 있는 것으로 같은 법 시행령 제11조의 규정에 따라 지진·화재 등 재난 발생으로 인하여 구조안전 또는 화재안전의 성능 저하가 우려되어 안전진단이 필요하다고 특별자치시장·특별자치도지사 또는 시·군·구청장이 인정하는 경우에는 관리자에게 안전진단을 실시할 것을 요구할 수 있다.

4) 안전점검자의 자격

건축물관리점검기관의 지정은 「건축물관리법」 제18조에 따라 특별자치시장·특별자치도지사·또는 시장·군수·구청장은 건축사사무소개설신고를 한 자, 건설기술용역사업자, 안전진단전문기관, 국토안전관리원과 같은 법 시행령 제12조에 따라 건축분야를 전문분야로 하여 기술사사무소를 개설등록한 자, 한국감정원, 한국토지주택공사를 건축물관리점검기관으로 지정하여 해당 관리자(건축물의 관리자로 규정된 자 또는 해당 건축물의 소유자)에게 알려야 한다.

안전점검자의 자격은 「건축물관리법 시행령」 제13조에 따라 정기점검, 긴급점검, 소규모 노후 건축물 등 점검 및 안전진단자는 건축사, 건축 직무분야(건축구조, 건축시공) 또는 안전관리(건설안전) 분야의 특급기술인이며, 점검자는 건축사보의 자격요건을 갖춘 자, 건축 직무분야의 초급건설기술인 이상이 점검을 실시한다.

점검자가 받아야 할 신규교육은 정기점검, 긴급점검, 소규모 노후 건축물 등 점검의 경우 7시간(점검책임자 35시간), 정밀안전진단은 70시간 이수하여야 한다. 보수교육은 신규교육을 이수한 이후 3년마다 7시간(정밀안전진단 14시간)을 이수하여야 한다.

4. 공동주택관리법

1) 안전점검 대상

「공동주택관리법」 제33조에 따라 의무관리대상 공동주택인 300세대 이상의 공동주택과 150세대 이상, 승강기 설치 또는 중앙난방방식(지역난방방식 포함) 공동주택, 복합 주택건축물로서 주택이 150세대 이상인 공동주택을 대상으로 한다.

2) 안전점검 시기

공동주택의 기능유지와 안전성 확보로 입주자 등을 재해 및 재난 등으로부터 보호하기 위하여 「시설물안전법」 제21조에 따라 안전점검의 실시방법 및 절차 등 지침을 따라야 한다. 하지만 의무관리대상 공동주택에 해당하지 않는 공동주택에 대한 안전점검은 지방자치단체장이 안전점검을 실시하도록 하고 있다.

5. 교육시설법

1) 안전점검 대상

안전점검 대상은 「교육시설 등의 안전 및 유지관리 등에 관한 법률(이하 "교육시설법"이라 한다)」 제12조 및 「교육시설 안전점검 등에 관한 지침」 제3조에 따른 적용대상은 법 제2조제1호 및 같은 법 시행령 제2조의 다음 교육시설을 말한다.

안전점검 대상

- 「유아교육법」 제2조제2호에 따른 유치원
- 「초·중등교육법」 제2조에 따른 학교
- 「고등교육법」 제2조에 따른 학교
- 「평생교육법」 제31조제2항 및 제4항에 따른 학력·학위가 인정되는 평생교육시설
- 다른 법률에 따라 설치된 각급 학교(국방·치안 등의 사유로 정보공시가 어렵다고 대통령령으로 정하는 학교는 제외한다)
- 「교육관련기관의 정보공개에 관한 특례법 시행령」 제2조에 따른 학교
- 「지방교육자치에 관한 법률」 제32조에 따른 교육기관의 시설

정밀안전진단은 「교육시설법」 제12조 및 같은 법 시행령 제15조와 「교육시설 안전점검 등에 관한 지침」 제10조에 따라 안전점검을 실시한 결과 안전사고의 예방과 안전성 확보를 위하여

필요하다고 인정하는 다음에 해당하는 경우 실시하여야 한다.

정밀안전진단 대상

- 중대한 결함이 있는 경우
- 시설물의 붕괴·전도 등이 발생할 위험이 있다고 판단하는 경우
- 그 외에 정밀안전진단이 필요하다고 판단되는 경우

2) 안전점검 시기

안전점검의 시기는 「교육시설법」 제12조 및 같은 법 시행령 제15조와 「교육시설 안전점검 등에 관한 지침」 제5조에 따라 다음과 같다.

안전점검 시기

- 안전점검은 연 2회 이상
- 구조안전 위험시설물로 지정된 시설물은 주 1회 이상
- 재해취약시설로 지정된 시설물은 주 1회 이상
- 감독기관의 장이 시설물의 안전성 확보가 필요하여 안전점검 실시를 요구한 경우

교육시설을 지도·감독하는 중앙행정기관, 지방자치단체 또는 시·도교육청 등 감독기관의 장은 구조안전 위험시설물에 대하

여 매월 1회 이상 안전점검을 실시하여야 한다. 다만 교육부장관이 인정하는 경우 교육시설의 장이 점검하여야 한다.

3) 안전점검 실시방법

안전점검을 실시하는 자는 「교육시설 안전점검 등에 관한 지침」 제9조에 따른 분야별 점검표에 따라 육안조사 및 장비 등을 활용하여 안전점검을 실시하여야 한다. 이 경우 안전점검은 다음의 사항을 포함하여야 한다.

안전점검 내용

- 건축물의 구조 및 안전에 관한 사항
- 옹벽·석축 등 구조물의 안전에 관한 사항
- 전기·소방·가스·승강기 등 안전에 관한 사항

안전점검을 실시하는 자는 시설물의 전반적인 외관형태를 관찰하여 중대한 결함을 발견할 수 있도록 세심한 주의를 기울여야 한다. 이 경우 중대한 결함은 다음과 같다.

중대한 결함이 있는 경우에는 즉시 교육시설의 장 또는 감독기관의 장에게 통보하여야 한다. 이 경우 결함 정도에 따라 필요한 조치를 취하여야 한다.

> **중대한 결함**
>
> - 시설물기초의 세굴
> - 건축물의 기둥·보 또는 내력벽의 내력(耐力) 손실
> - 시설물의 철근콘크리트의 염해(鹽害) 또는 탄산화에 따른 내력 손실
> - 절토·성토 사면의 균열·이완 등에 따른 옹벽의 균열 또는 파손
> - 주요 구조부재의 변형 및 균열의 심화
> - 지반침하 및 이로 인한 활동적인 균열
> - 누수·부식 등에 의한 구조물의 기능 상실

정밀안전진단은 「시설물의 안전 및 유지관리 실시 등에 관한 지침」 제12조제2항부터 제7항에 따라 실시하여야 한다. 정밀안전진단 실시 시 재료시험은 「시설물의 안전 및 유지관리 실시 등에 관한 지침」 제20조부터 제24조에 따라 실시하여야 한다.

4) 안전점검 실시자

안전점검의 실시자는 「교육시설법」 제12조 및 같은 법 시행령 제15조와 「교육시설 안전점검 등에 관한 지침」 제6조에 따라 다음과 같다.

안전점검 실시자

- 감독기관의 장 또는 감독기관의 장이 소속된 기관의 직원
- 교육시설의 장 또는 교육시설의 장이 소속된 기관의 직원
- 교육시설의 장 또는 감독기관의 장과 계약된 위탁 업체에 소속된 직원
- 경험과 기술을 갖춘 자로 표 2.9에 따른 직무분야 초급기술자 이상의 자격을 갖추고 별도 교육과정을 이수한 민간전문가
- 안전진단전문기관 또는 유지관리업자

표 2.10 기술 인력의 기술자격 인정기준

직무분야	전문분야
기계	• 공조냉동 및 설비 • 승강기 • 일반기계
전기·전자	• 건축전기설비
토목	• 토질·지질 • 토목품질관리
건축	• 건축구조 • 건축시공 • 건축품질관리 • 건축계획·설계
안전관리	• 건설안전 • 소방 • 가스

정밀안전진단의 경우 안전진단전문기관에 위탁하여 실시하고 책임기술자는 「시설물안전법 시행령」 제9조 별표 5에 따른 기술자격자로서 같은 법 시행규칙 제10조에 의한 해당분야 교육과정을 이수한 사람이어야 한다.

6. 기타 개별법령

기타 개별법에 의한 안전점검 및 검사 등을 규정하는 법령을 살펴보면, 고압가스 안전관리법, 급경사지 재해 예방에 관한 법률, 도로법, 도시가스사업법, 소하천정비법, 승강기시설 안전관리법, 어린이 놀이시설 안전관리법, 유선 및 도선사업법, 전기안전관리법, 항만법, 소방시설법, 화학물질관리법 등 표 3.11과 같이 약 90여개 법령으로 다양하게 안전점검 및 검사 등을 실시하고 있다.

표 3.11 개별법에 따른 안전점검의 종류 및 내용

관련법령	조항	주요내용
감염병의 예방 및 관리에 관한 법률	제51조 규칙 제36조	• 소독횟수 - 숙박업소 등 : 4월부터 9월까지 1개월 1회 이상, 10월부터 3월까지 2개월 1회 이상 - 집단급식소 등 : 4월부터 9월까지 2개월 1회 이상, 10월부터 3월까지 3개월 1회 이상 - 공동주택 300세대 이상 : 4월부터 9월까지 3개월 1회 이상, 10월부터 3월까지 6개월 1회 이상

관련법령	조항	주요내용
건설기계관리법	제13조	• 검사 등 - 정기검사 : 3년 - 구조변경검사 : 건설기계의 주요 구조를 변경하거나 개조한 경우 실시하는 검사 - 수시검사 : 성능이 불량하거나 사고가 자주 발생하는 건설기계의 안전성 등을 점검하기 위하여 수시로 실시하는 검사와 건설기계 소유자의 신청을 받아 실시하는 검사
건설기술진흥법	제54조	• 건설공사현장 등의 점검 - 시장군수·구청장, 발주청 : 자신이 발주한 건설공사 및 허가 등을 한 건설공사
	제62조	• 건설공사의 안전관리계획 수립
건설산업기본법	제86조의3	• 건설행정의 지도감독 : 연 1회 이상
경비업법	영 제21조	• 무기관리상황 점검 : 매월 1회 이상

관련법령	조항	주요내용
고압가스 안전관리법	제16조의2 규칙 제30조 제31조	• 정기검사 - 고압가스특정제조자 : 매 4년 - 고압가스특정제조자 외의 가연성 가스 : 매 1년 - 고압가스특정제조자 외의 불연성 가스 : 매 2년 • 수시검사 : 허가관청 또는 신고관청이 가스로 인한 사고의 예방이나 그 밖에 가스안전을 위하여 필요하다고 인정하는 때
	제16조의3	• 정밀안전검진 : 고압가스제조시설 4년 범위
공연법	제12조의4	• 안전검사 등의 결과 확인 : 공연장 소재지를 관할하는 특별자치시장·특별자치도지사·시장·군수 또는 구청장은 안전진단기관의 안전검사 등이 부실하다고 인정되는 경우에는 문화체육관광부장관에게 법 제12조의4제1항에 따른 안전검사 등의 결과 확인 및 평가를 요청

관련법령	조항	주요내용
공중위생관리법	제9조	• 보고·출입·검사 : 시·도지사 또는 시장·군수·구청장은 공중위생관리상 필요하다고 인정하는 때에는 공중위생영업자에 대하여 필요한 보고를 하게 하거나 소속공무원으로 하여금 영업소·사무소 등에 출입하여 공중위생영업자의 위생관리의무이행 등에 대하여 검사
공중화장실 등에 관한 법률	제12조	• 정기점검 : 연 1회 • 수시점검 : 필요시
공항시설법	제31조 영 제35조	• 공항시설 또는 비행장시설이 시설관리기준에 맞게 관리되는지를 확인하기 위하여 필요한 검사를 연 1회 이상 실시
관광진흥법	제19조 규칙 제25조의 3	• 호텔업 등급결정의 유효기간은 등급결정을 받은 날부터 3년
관광진흥법	제20조의2 규칙 제28조의2	• 야영장 안전점검 : 매월 1회 이상 - 점검결과 반기별 제출
관광진흥법	제33조 영 제40조	• 유원시설 안전성검사 - 허가 또는 변경허가를 받은 다음 연도부터는 연 1회 이상 - 최초로 안전성검사를 받은 지 10년이 지난 유기시설 또는 유기기구에 대하여는 반기별로 1회 이상

관련법령	조항	주요내용
교통안전법	제34조	• 교통시설안전진단 : 교통시설 설치 전
국토의 계획 및 이용에 관한 법률	제44조의2	• 해당 공동구의 안전 및 유지관리계획 수립·시행 : 5년마다 • 공동구 안전점검 : 1년 1회 이상

군 시설사업 관리 훈령	제41조	• 자체관리대상시설
		  - 정기점검 : 양호·보통-연 1회, 미흡·불량-반기 1회
		  - 수시점검 : 필요시

궤도운송법	제19조	• 정기검사 : 매년 실시 • 임시검사 : 운행 중에 궤도운송사고가 발생하였거나 발생할 우려가 있는 경우 실시

급경사지 재해예방에 관한 법률	제5조	• 안전점검
		  - 관리기관 : 연 2회 이상
		  - 시장·군수·구청장 : 연 1회 이상
		  ※ 붕괴 위험성 없는 급경사지는 생략

낚시 관리 및 육성법	제50조 규칙 제27조	• 출입검사 : 매년 1회 이상

관련법령	조항	주요내용
농어촌정비법	제18조 영 제26조	• 정기점검 : 분기별 1회 이상 • 긴급점검 : 정기점검 외에 재해나 사고가 발생하거나 시설 안전에 이상 징후가 있을 때 실시 • 정밀점검 : 정기점검 또는 긴급점검을 실시한 결과, 시설의 기능 유지 및 안전상 재해 위험이 있어 시설물 보수가 필요할 때 실시하되, 필요 시 1종·2종 시설은 정밀점검을 생략하고 정밀안전진단을 실시 • 정밀안전진단 : 1종시설은 준공 후 10년 이상 지난 농업생산기반 시설에 대하여 5년에 1회 이상 정기적으로 실시
다중이용업소의 안전관리에 관한 특별법	제13조 규칙 제14조	• 다중이용업주의 안전시설 등에 대한 정기점검 : 매분기 1회 이상 점검
대기관리권역법	제29조	• 경유차량의 운행제한
	제31조	• 특정건설기계 등의 관리
	제33조	• 공항의 대기개선계획의 수립
대기환경보전법	제43조	• 비산먼지 발생사업 규제
도로법	제50조 규칙 제5조	• 정기점검 및 수시점검 실시 • 연 2회 도로에 대한 정기보수를 실시

관련법령	조항	주요내용
도시가스 사업법	제17조 규칙 제25조 제26조	• 정기검사 : 매년 1회 • 수시검사 : 한국가스안전공사가 도시가스 사고의 예방과 그 밖에 가스안전을 위하여 필요하다고 인정할 때
도시가스 사업법	제17조의2 규칙 제27조의2 제27조의3	• 정밀안전진단 : 인수기지 매 5년 • 안전성평가 : 인수기지 매 5년
도시공원 및 녹지에 관한 법률	제22조	• 안전성을 확보하기 위하여 정기점검 등 필요한 조치
도시철도법	제18조 규칙 제11조 제14조	• 선로·전차선로 순회점검 : 매일 한 번 이상 ※ 도시철도운전규칙
동물원 및 수족관의 관리에 관한 법률	제11조	• 관계 공무원으로 하여금 해당 동물원 또는 수족관을 출입하여 관계 서류 및 시설·장비 등을 검사
마리나 항만의 조성 및 관리 등에 관한 법률	제24조의2 영 26조의2	• 정기점검 : 최초 정기점검일부터 1년마다 1회 이상 • 긴급점검 : 해양수산부장관이 마리나항만시설에 대한 긴급점검이 필요하다고 인정하는 경우 • 정밀점검 : 정기점검 또는 긴급점검을 실시한 결과 긴급한 보수가 필요한 경우

관련법령	조항	주요내용
모자보건법	제15조의7	• 보고·출입·검사 : 특별자치시장·특별자치도지사 또는 시장·군수·구청장은 필요하다고 인정하면 산후조리업자에게 필요한 보고를 하도록 할 수 있고, 소속 공무원에게 산후조리원에 출입하여 산후조리업자의 준수사항 이행 등에 대하여 검사하도록 하거나 건강기록부 등의 서류를 열람
물류시설의 개발 및 운영에 관한 법률	제61조	• 보고 등 : 복합물류터미널의 건설에 관한 업무를 검사
미세먼지법	제22조	• 미세먼지 집중관리구역
	제23조	• 취약계층의 보호
방사능방재법	제38조	• 방사능재난 대응시설 등 검사
방송통신 발전기본법	제28조	• 방송통신 조사 및 시험 : 7일전
	제24조의2	• 방송통신재난관리계획 이행 지도·점검 : 매년 1회 이상
방치건축물 정비법	제4조	• 공사중단 건축물 실태조사 : 3년마다
사격 및 사격장 안전관리에 관한 법률	제10조의2 영 제7조의2	• 안전점검 : 월 1회 이상 • 안전점검을 실시하였을 때에는 사격장 안전점검 실시대장에 기록하고, 이를 1년간 보관
사회복지사업법	제34조의4	• 정기안전점검 : 매 반기마다

관련법령	조항	주요내용
산림문화 휴양에 관한 법률	제16조의2 영 제7조의2	• 안전점검 : 반기별 1회 이상
산림보호법	제45조의11	• 산사태취약지역 현지점검 : 연 2회 이상
산업안전보건법	제36조 규칙 제37조	• 위험성평가 결과 자료 보존 : 3년
산업안전보건법	제156조	• 검사 및 지도 : 공단 소속 직원에게 사업장에 출입하여 산업재해 예방에 필요한 검사 및 지도
산업직접활성화 및 공장설립에 관한 법률	제 45조 영 제58조	• 산업단지의 안전관리 : 안전관리·공해관리·환경관리 등에 관하여 지도를 하려는 경우에는 안전관리계획을 수립·시행
산지관리법	제37조 영 제45조	• 조사 : 신·재생에너지 설비의 공사착공일부터 「전기사업법」 제9조제4항에 따라 사업 시작을 신고하고 3년이 되는 날까지 공사착공일을 기준으로 1년마다 1회 이상
생활주변 방사선 안전관리법	제23조	• 생활주변방사선의 안전관리 실태를 점검 : 매년

관련법령	조항	주요내용
석면안전관리법	제21조 제22조 제23조 영 제33조 규칙 제27조	• 석면조사 : 사용승인을 받은 날부터 1년 이내 • 석면조사 결과 제출 : 건축물석면조사가 끝난 후 1개월 이내 • 건축물석면지도 작성 함께 제출 • 석면조사 결과 통보 - 건축물 관리인 : 건축물석면조사를 완료한 후 1주일 이내 - 건축물 임차인 또는 양수인 : 건축물 임대차 또는 양도계약 전. 다만, 임대차 중에 건축물석면조사를 완료한 경우에는 조사를 완료한 후 1개월 이내 • 석면건축물의 손상 상태 및 석면의 비산 가능성 등을 조사 : 6개월마다 • 석면건축물안전관리인 지정 및 교육 이수
성폭력방지법	제32조	• 보고 및 검사 : 상담소, 보호시설, 통합지원센터 또는 교육훈련시설의 장에게 해당 시설에 관하여 필요한 보고를 하게 할 수 있으며, 관계 공무원으로 하여금 그 시설의 운영 상황을 조사

관련법령	조항	주요내용
소규모 공공시설안전관리 등에 관한 법률	제5조 영 제3조	• 안전점검 : 매년 3월 31일까지 - 안전점검 결과 : 매년 4월 30일까지 행정안전부장관에게 통보
소방시설법	제4조	• 소방특별조사
	제25조	• 자체점검 - 작동기능점검 : 연 1회 이상 - 종합정밀점검 : 연 1회 이상(건축물의 사용승인일이 속하는 달)
	영 제15조의4	• 분말형태의 소화 약제를 사용하는 소화기는 소방용품의 내용 연수는 10년
소하천정비법	제26조의2 영 제20조	• 소하천관리실태점검 : 매년 4월30일까지 - 행정안전부장관에게 제출 : 6월30일까지
수도법	제23조의2	• 수도시설 운연관리 실태점검 : 매년 실시
수상레저안전법	제45조	• 수상레저시설에 대하여 안전점검을 실시
수소법	제47조 영 제50조	• 정기검사 - 다중이용시설 : 매 6개월마다 1회 - 그 외 시설 : 매 1년마다 1회

관련법령	조항	주요내용
승강기 안전관리법	제31조	• 자체점검 : 월 1회 이상
	제32조 규칙 제54조	• 정기검사 　- 정기검사 : 1년 　- 25년이 지난 승강기 : 6개월 　- 승강기의 결함으로 중대한 사고 또는 중대한 고장이 발생한 후 2년이 지나지 않은 승강기 : 6개월 　- 화물용·자동차용·소형화물용, 단독주택 승강기 : 2년 • 수시검사 : 승강기 종류, 정격 속도 등 변경한 경우, 제어반 및 구동기 교체한 경우, 사고로 수리한 경우 등 • 정밀안전검사 : 중대사고 및 중대고장이 발생한 경우, 설치검사 후 15년 지난 경우 등
식품위생법	제88조 규칙 제95조	• 집단급식소 : 매회 1인분 분량을 144시간(6일) 이상 보관 • 매회 1인분 분량을 섭씨 -18도 이하로 보관 • 집단급식소 : 지하수 수질검사-일부항목 검사 1년마다, 모든 항목 검사-2년마다

관련법령	조항	주요내용
실내공기질법	제3조	• 실내공기질 측정대상
	제5조 제6조	• 실내공기질 유지 및 권고기준
	제7조	• 다중이용시설의 소유자등의 교육 - 신규교육 : 소유자등이 된 날부터 1년 이내 1회 - 보수교육 : 3년마다 1회 - 교육시간 : 각 6시간
	제9조	• 신축 공동주택의 실내공기질 관리
	제9조의2	• 대중교통차량의 실내공기질 측정
	제9조의4	• 대중교통시설(지하역사, 철도역사 대합실)의 실내공기질 관리
	제12조	• 다중이용시설 실내공기질 측정
액화석유가스의 안전관리 및 사업법	제37조 규칙 제52조 제53조	• 정기검사 : 매 1년이 되는 날의 전후 30일 이내 • 수시검사 : 한국가스안전공사가 가스로 인한 사고예방이나 그 밖에 가스안전을 위하여 필요하다고 인정하는 때
	제38조 규칙 제55조 제56조	• 정밀안전진단 - 저장설비 1천톤 이상 : 15년이 지난 시설 - 본관 및 공급관 : 20년이 지난 배관

관련법령	조항	주요내용
어린이놀이시설 안전관리법	제15조 영 제11조	• 안전점검 : 월 1회 이상

어촌어항법	제24조 규칙 제12조의2	• 정기점검
		  - 중점관리시설 : 반기 1회 이상
		  - 일반관리시설 : 연 1회 이상
		• 수시점검 : 긴급점검이 필요하다고 판단하는 경우
		• 정밀점검
		  - 중점관리시설 : 해당 어항시설의 준공일 또는 준공확인증명서를 발급받은 날을 기준으로 4년마다 1회 이상
		  - 일반관리시설 : 해당 어항시설의 준공일 또는 준공확인증명서를 발급받은 날을 기준으로 6년마다 1회 이상
		  - 정기점검 및 긴급점검을 실시한 결과, 어항시설의 기능유지 및 안전상 위험이 있어 어항시설 긴급보수가 필요하다고 판단하는 경우

에너지이용 합리화법	제39조	• 검사대상기기의 검사 : 유효기간 갱신 시

관련법령	조항	주요내용
연구실 안전환경 조성에 관한 법률	제8조 영 제10조	• 안전점검 - 일상점검 : 매주 1회 이상 - 정기점검 : 매년 1회 이상 - 특별안전점검 : 안전에 치명적인 위험을 야기할 가능성이 있을 것으로 예상되는 경우
	제9조 영 제11조	• 정밀안전진단 - 안전점검을 실시한 결과 연구실사고 예방을 위하여 정밀안전진단이 필요하다고 인정되는 경우 및 중대 연구실사고가 발생한 경우 - 연구실은 2년마다 1회 이상 정기적으로 정밀안전진단을 실시
연안관리법	제29조 규칙 제11조	• 시설물 사후관리 현황 점검 : 연 1회 • 효과에 대한 평가 : 시설물의 준공 후 5년의 범위에서 해양수산부장관이 정하는 기간 동안 연 1회 이상
연안사고 예방에 관한 법률	제15조	• 연안체험활동 안전점검

관련법령	조항	주요내용
영화 및 비디오물의 진흥에 관한 법률	제37조 영 제16조	• 재해대처계획의 신고 : 영화상영관 경영자는 해당 영화상영관에서 최초로 영화를 상영하기 전에 재해대처계획(전자문서를 포함한다)을 제출해야 하고, 신고한 재해대처계획을 변경하려는 경우에는 변경계획을 시행하기 이전에 제출
옥외광고물법	제9조의2 영 제38조의2	• 풍수해 대비 안전점검 : 연 1회 이상
원자력안전법	제22조 규칙 제19조	• 정기검사 : 발전용원자로의 경우에는 최초로 상업운전을 개시한 후 또는 검사를 받은 후 20개월 이내에, 연구용 또는 교육용의 원자로의 경우에는 24개월 이내
	제23조 영 제36조	• 안전성 종합평가 : 원자로시설의 운영허가를 받은 날부터 10년마다
위험물 안전관리법	제18조	• 정기점검 : 제조소등의 관계인은 당해 제조소등에 대하여 연 1회 이상 • 특정·준특정옥외탱크 정기점검 : 완공검사필증을 발급받은 날부터 12년, 최근의 정밀정기검사를 받은 날부터 11년
유선 및 도선사업법	제26조	• 안전점검 : 주기 없음
인천국제공항 공사법	제16조	• 공항시설 지도·감독

관련법령	조항	주요내용
장사 등에 관한 법률	제37조	• 검사 및 보고 : 시장 등은 장사시설의 안전관리·보건위생·운영 실태를 점검
재난안전법	제26조의2	• 국가핵심기반의 보호 및 관리 실태를 확인·점검
	제34조의6	• 다중이용시설 등의 위기상황 매뉴얼 작성·관리 및 훈련
	제66조의11	• 지역축제 개최 시 안전관리계획 수립 - 최대 관람객 1천명 이상 - 산, 수면 개최, 불, 폭죽, 석유류 또는 가연성 가스 등의 폭발성 물질 사용하는 지역축제
	제76조	• 재난보험 등의 가입
저수지댐법	제7조	• 안전점검 : 시설물안전법 및 농어촌정비법에 따라 실시
	제8조	• 합동안전점검 실시
전기안전관리법	제9조	• 사용전 검사 : 공사계획의 인가를 받거나 신고를 하고 설치 또는 변경공사를 하는 전기설비
	제11조	• 정기검사 : 전기사업용 전기설비(송전사업자, 배전사업자의 전기설비 제외), 자가용 전기설비(4년, 3년, 2년, 1년)
	제15조	• 특별안전점검 : 전기설비가 기술기준에 적합한지 여부에 대하여 안전공사로 하여금 특별안전점검

관련법령	조항	주요내용
전통시장 및 상점가 육성을 위한 특별법	제20조의2 영 9조의2	• 정기점검 : 3년마다 1회 이상
주차장법	제19조의9 영 제12조의3	• 기계식 주차장의 사용검사 - 사용검사의 유효기간 : 3년 - 정기검사의 유효기간 : 2년
집단에너지 사업법	제23조 규칙 제33조	• 사용전 검사 및 자체검사의 유효기간 : 1년 • 정기검사의 유효기간 : 1년
철도안전법	제8조	• 안전관리체계 정기검사 : 1년마다 1회
철도의 건설 및 철도시설 유지관리에 관한 법률	제29조	• 정기점검 : 유지관리계획에 따라 실시(매년 수립 시행)
	제30조	• 긴급점검 : 철도시설의 붕괴·전도 등 재난이 발생할 우려가 있다고 판단하는 경우 실시
	제31조	• 정밀진단 : 설치 후 10년 이상 지난 소관 철도시설, 정기점검 또는 긴급점검을 실시한 결과 재해 및 재난을 예방하기 위하여 필요하다고 인정되는 경우 실시
청소년활동 진흥법	제18조	• 안전점검 : 매월 1회 이상
	제18조의3 영 제11조	• 종합 안전·위생점검 : 2년마다 1회 이상 실시

관련법령	조항	주요내용
체육시설의 설치·이용에 관한 법률	제4조의3	• 체육시설 안전점검 : 정기적
초고층건축물 재난관리법	제13조	• 통합안전점검 : 통합안전점검을 희망하는 날 30일 전까지 신청서 제출
총포화약법	제41조	• 정기안전검사 : 매년 정기적으로 실시
폐기물관리법	제31조	• 폐기물처리시설의 관리 : 폐기물처리시설의 설치·운영이 주변 지역에 미치는 영향을 3년마다 조사
하수도법	제69조의2	• 공공하수도 운영·관리실태 점검 : 매년
하천의 유지·보수 및 안전점검에 관한 규칙	제5조	• 정기점검 : 연 2회 이상
학교보건법	제4조의2	• 공기질의 위생점검 - 상·하반기에 각각 1회 실시
학교보건법	제4조의3	• 교실에 공기를 정화하는 설비 및 미세먼지를 측정하는 기기 설치
항만대기질법	제13조	• 비산먼지의 규제
항만대기질법	제18조	• 육상전원공급설비 설치

관련법령	조항	주요내용
항만법	제38조 영 제41조	• 갑문, 1만톤급 이상 계류시설 : 시설물안전법 • 그 외 정기점검 : 1년마다 1회 - 긴급안전점검 : 관리청이 항만시설에 대한 긴급안전점검이 필요하다고 인정하는 경우 - 정밀안전점검 : 정기안전점검 또는 긴급안전점검을 실시한 결과 항만시설의 기능 유지 및 안전상 위험 발생의 우려가 있어 항만시설에 대한 긴급한 보수가 필요하다고 관리청이 판단하는 경우 - 방사제, 방조제, 도류제, 호안, 도로, 교량, 철도 등 : 정밀안전점검일부터 10년에 1회 이상
해수욕장법	제27조 영 제12조	• 해수욕장시설의 안전점검 - 백사장 : 해수욕장 개장 1주 전부터 개장기간 종료일까지 매일 1회 이상 - 이용객 편의시설, 행정시설, 판매·대여시설 : 해수욕장 개장기간 동안 2주에 1회 이상 - 안전시설, 환경시설 : 해수욕장 개장 2주 전부터 개장기간 종료일까지 1주에 1회 이상 - 체육시설, 해양레저시설, 문화체험시설 : 해수욕장 개장 1주 전부터 개장기간 종료일까지 1주에 1회 이상

관련법령	조항	주요내용
해양환경관리법	제36조의2 규칙 제20조의3	• 해양시설의 안전점검 : 반기별로 1회
해운법	지침 제3조 제4조	• 여객선 일반점검 : 출항전 • 운항관리자 점검 : 출발전, 월례점검, 특별점검, 노후여객선 특별점검
형의 집행 및 수용자의 처우에 관한 법률	제8조	• 교정시설의 순회 점검 : 매년 1회 이상
화장품법	제14조의3	• 인증의 유효기간 : 인증받은 날부터 3년
화학물질관리법	제11조	• 화학물질 배출량 조사 : 매년
	제24조 규칙 제23조	• 정기검사 : 1년 - 유해화학물질 취급시설 : 2년 • 수시검사 : 화학사고가 발생한 날부터 7일 이내에 실시
	제26조	• 취급시설 등의 자체점검 : 주 1회 이상

제 3 절 재난 발생 및 우려가 있을 때 조치 요령

1. 재난신고

누구든지 「재난안전법」 제19조에 따라 재난의 발생이나 재난이 발생할 징후를 발견하였을 때에는 즉시 그 사실을 시장·군수·구청장·긴급구조기관, 그 밖의 관계 행정기관에 신고하여야 한다. 또한 신고를 받은 시장·군수·구청장과 그 밖의 관계 행정기관의 장은 관할 긴급구조기관의 장에게, 긴급구조기관의 장은 그 소재지 관할 시장·군수·구청장 및 재난관리주관기관의 장에게 통보하여 응급대처방안을 마련할 수 있도록 조치하여야 한다.

2. 재난상황의 보고

시장·군수·구청장, 소방서장, 해양경찰서장, 재난관리책임기관의 장 또는 국가핵심기반을 관리하는 기관·단체의 장(이하 "관리기관의 장"이라 한다)은 「재난안전법」 제20조에 따라 그 관할구역, 소관 업무 또는 시설에서 재난이 발생하거나 발생할 우려가 있는 재난상황에 대해서는 즉시, 응급조치 및 수습현황에 대해서는 지체 없이 각각 행정안전부장관, 관계 재난관리주관기관의 장 및 시·도지사에게 보고하거나 통보하여야 한다. 이 경우

관계 재난관리주관기관의 장 및 시·도지사는 보고받은 사항을 확인·종합하여 행정안전부장관에게 통보하여야 한다.

시장·군수·구청장, 소방서장, 해양경찰서장, 재난관리책임기관의 장 또는 관리기관의 장은 재난이 발생한 경우 또는 재난 발생을 신고받거나 통보받은 경우에는 즉시 관계 재난관리책임기관의 장에게 통보하여야 한다.

3. 응급조치

시·도긴급구조통제단 및 시·군·구긴급구조통제단의 단장(이하 "지역통제단장"이라 한다)과 시장·군수·구청장은 「재난안전법」 제37조에 따라 재난이 발생할 우려가 있거나 재난이 발생하였을 때에는 즉시 관계 법령이나 재난대응활동계획 및 위기관리매뉴얼에서 정하는 바에 따라 수방(水防)·진화·구조 및 구난(救難), 그 밖에 재난 발생을 예방하거나 피해를 줄이기 위하여 필요한 다음의 응급조치를 하여야 한다. 다만, 지역통제단장의 경우에는 제2호 중 진화에 관한 응급조치와 제4호 및 제6호의 응급조치만 하여야 한다.

응급조치

- 경보의 발령 또는 전달이나 피난의 권고 또는 지시
- 제31조에 따른 안전조치

- 진화・수방・지진방재, 그 밖의 응급조치와 구호
- 피해시설의 응급복구 및 방역과 방범, 그 밖의 질서 유지
- 긴급수송 및 구조 수단의 확보(지역통제단장 응급조치)
- 급수 수단의 확보, 긴급피난처 및 구호품의 확보
- 현장지휘통신체계의 확보(지역통제단장 응급조치)
- 그 밖에 재난 발생을 예방하거나 줄이기 위하여 필요한 사항으로서 대통령령으로 정하는 사항

시・군・구의 관할 구역에 소재하는 재난관리책임기관의 장은 시장・군수・구청장이나 지역통제단장이 요청하면 관계 법령이나 시・군・구안전관리계획에서 정하는 바에 따라 시장・군수・구청장이나 지역통제단장의 지휘 또는 조정하에 그 소관 업무에 관계되는 응급조치를 실시하거나 시장・군수・구청장이나 지역통제단장이 실시하는 응급조치에 협력하여야 한다.

4. 대피명령

시장・군수・구청장과 지역통제단장(대통령령으로 정하는 권한을 행사하는 경우에만 해당한다. 이하 이 조에서 같다)은 「재난안전법」 제40조에 따라 재난이 발생하거나 발생할 우려가 있는 경우에 사람의 생명 또는 신체나 재산에 대한 위해를 방지하기

위하여 필요하면 해당 지역 주민이나 그 지역 안에 있는 사람에게 대피하도록 명하거나 선박·자동차 등을 그 소유자·관리자 또는 점유자에게 대피시킬 것을 명할 수 있다. 이 경우 미리 대피장소를 지정할 수 있다. 또한 대피명령을 받은 경우에는 즉시 명령에 따라야 한다.

5. 위험구역의 설정

시장·군수·구청장과 지역통제단장(대통령령으로 정하는 권한을 행사하는 경우에만 해당한다. 이하 이 조에서 같다)은 「재난안전법」 제41조에 따라 재난이 발생하거나 발생할 우려가 있는 경우에 사람의 생명 또는 신체에 대한 위해 방지나 질서의 유지를 위하여 필요하면 위험구역을 설정하고, 응급조치에 종사하지 아니하는 사람에게 위험구역에 출입하는 행위나 그 밖의 행위의 금지 또는 제한, 위험구역에서의 퇴거 또는 대피를 명할 수 있다.

시장·군수·구청장과 지역통제단장은 위험구역을 설정할 때에는 그 구역의 범위와 금지되거나 제한되는 행위의 내용, 그 밖에 필요한 사항을 보기 쉬운 곳에 게시하여야 한다.

관계 중앙행정기관의 장은 재난이 발생하거나 발생할 우려가 있는 경우로서 사람의 생명 또는 신체에 대한 위해 방지나 질서의 유지를 위하여 필요하다고 인정되는 경우에는 시장·군수·구청장과 지역통제단장에게 위험구역의 설정을 요청할 수 있다.

6. 강제대피조치

시장·군수·구청장과 지역통제단장(대통령령으로 정하는 권한을 행사하는 경우에만 해당한다. 이하 이 조에서 같다)은 「재난안전법」 제42조에 따라 대피명령을 받은 사람 또는 위험구역에서의 퇴거나 대피명령을 받은 사람이 그 명령을 이행하지 아니하여 위급하다고 판단되면 그 지역 또는 위험구역 안의 주민이나 그 안에 있는 사람을 강제로 대피 또는 퇴거시키거나 선박·자동차 등을 견인시킬 수 있다.

시장·군수·구청장 및 지역통제단장은 주민 등을 강제로 대피 또는 퇴거시키기 위하여 필요하다고 인정하면 관할 경찰관서의 장에게 필요한 인력 및 장비의 지원을 요청할 수 있다. 요청을 받은 경찰관서의 장은 특별한 사유가 없는 한 이에 응하여야 한다.

7. 통행제한 등

시장·군수·구청장과 지역통제단장(대통령령으로 정하는 권한을 행사하는 경우에만 해당한다)은 「재난안전법」 제43조에 따라 응급조치에 필요한 물자를 긴급히 수송하거나 진화·구조 등을 하기 위하여 필요하면 경찰관서의 장에게 도로의 구간을 지정하여 해당 긴급수송 등을 하는 차량 외의 차량의 통행을 금지하거나 제한하도록 요청할 수 있다. 요청을 받은 경찰관서의 장은 특별한 사유가 없으면 요청에 따라야 한다.

8. 동원명령

 중앙대책본부장과 시장·군수·구청장(시·군·구대책본부가 운영되는 경우에는 해당 본부장을 말한다)은 「재난안전법」 제39조에 따라 재난이 발생하거나 발생할 우려가 있다고 인정하면 민방위대의 동원, 응급조치를 위하여 재난관리책임기관의 장에 대한 관계 직원의 출동 또는 재난관리자원 및 지정된 장비·시설 및 인력의 동원 등 필요한 조치의 요청, 동원 가능한 장비와 인력 등이 부족한 경우에는 국방부장관에 대한 군부대의 지원 요청을 할 수 있다. 필요한 조치의 요청을 받은 기관의 장은 특별한 사유가 없으면 요청에 따라야 한다.

9. 응원

 시장·군수·구청장은 「재난안전법」 제44조에 따라 응급조치를 하기 위하여 필요하면 다른 시·군·구나 관할 구역에 있는 군부대 및 관계 행정기관의 장, 그 밖의 민간기관·단체의 장에게 인력·장비·자재 등 필요한 응원(應援)을 요청할 수 있다. 이 경우 응원을 요청받은 군부대의 장과 관계 행정기관의 장은 특별한 사유가 없으면 요청에 따라야 한다. 응원에 종사하는 사람은 그 응원을 요청한 시장·군수·구청장의 지휘에 따라 응급조치에 종사하여야 한다.

10. 응급부담

　시장·군수·구청장과 지역통제단장(대통령령으로 정하는 권한을 행사하는 경우에만 해당한다)은 「재난안전법」 제45조에 따라 그 관할 구역에서 재난이 발생하거나 발생할 우려가 있어 응급조치를 하여야 할 급박한 사정이 있으면 해당 재난현장에 있는 사람이나 인근에 거주하는 사람에게 응급조치에 종사하게 하거나 대통령령으로 정하는 바에 따라 다른 사람의 토지·건축물·인공구조물, 그 밖의 소유물을 일시 사용할 수 있으며, 장애물을 변경하거나 제거할 수 있다.

제 3 장
안전점검 절차

제 3 장 안전점검 절차

제 1 절 안전점검 계획 수립

1. 점검배경 및 방향결정

- **시기별** : 여름철 폭우관련, 해빙기 건설공사현장 안전실태, 폭설대비 교통대책, 명절대비 안전대책 등

  예) 폭설대비 도로공사 교통대책, 공사장 안전관리 실태, 추석대비 다중이용시설 점검 등

- **사회적 이슈** : 재난발생 우려 시설에 대한 여론, 언론보도 사항, 사고발생 사항

  예) 롯데월드 아쿠아리움 수조 누수, 석촌호수 배수 등

- **대규모행사** : 월드컵, 유니버시아드 대회, 기타 국제행사 등

- **대통령, 국무총리 및 장관, 국회 논의사항 등**

2. 점검대상 선정 시 고려사항

- **중복점검 지양** : 기관별, 부서별, 분야별 개별점검 및 점검 사항의 차별화 여부

- **사각지대 예방**

  - 안전검사·점검 미실시로 인한 안전규제 적용 사각지대 유무

    예) ('14년 세월호 침몰) 해운조합의 자기 감독식 안전관리 업무 수행

  - 노래방 등 영세 다중이용업소의 경우 반복적인 규정위반 지속

    예) 화재경보기 미작동, 비상구 잠금, 대피로 물건 적치 등

- **형식적 점검 방지**

  - 안전점검단 인력 및 전문성 부족으로 단편적, 형식적 점검 방지

  - 사회적 이슈 등 사안 발생 시 전 대상물에 대한 점검을 단기간에 실시

  - 점검인력 부족으로 사안별 임시 편성된 점검반 운영에 따라 겉핥기식, 보여주기 식 점검 실시 등으로 신뢰성이 저하 되지 않도록 유의

- ■ 점검의 실효성 제고

    - 세월호, 메르스 등 대형사고 시 마다 발생하는 국민 불안감 해소

    - 사고나 재난발생 이후 안전관련 규정 강화에도 불구, 실제 현장에서 제도가 제대로 작동하는지 여부 확인

    - 안전점검이 철저하지 못하다는 인식 불식

- ■ 자율 안전의식 고취

    - 반복적인 안전검사·점검 실시로 시설주 등이 "안전은 정부의 책임이다"라고 하는 방관자적 입장의 변화 필요

- ■ 시설개선 반영

    - 단속, 지적을 면하기 위한 조치 중심으로 개선활동이 이루어지므로, 지속적인 모니터링으로 안전성 확보 필요

3. 점검자료 수집

- 제한된 시간과 인력으로 점검목적을 효과적으로 달성하기 위해 준비

    - **현황 및 실태 파악** : 점검대상기관의 서류, 주기능, 점검결과 등 확인

    - **국민관심사항** : 대통령지시사항, 국회논의사항(본회의, 상임위, 예결위 및 국정감사 지적사항과 조치결과)

    - **각종자료** : 신문 및 방송보도사항, 지방의회 논의사항, 연구논문들을 상시 파악하고 제기된 문제점에 대한 대안 강구

    - **점검자료 분석** : 모니터링 대상선정 등 점검대상에 대하여 점검항목을 세부적으로 확인 및 분석

자료수집 및 자료내용

■ 자료수집 : 인터넷 공개자료 → 법령 등에 명시된 자료 → 결정 및 근거자료 → 추출자료 → 직접수집 자료

■ 자료내용
   - 공개된 자료 : 관계 법령, 해당기관, 관련기관, 국회 등
   - 홈페이지에 등재된 자료, 언론보도, 국내외 연구 논문 등
   - 법령이나 규정에서 작성, 검토, 보고하도록 규정하고 있는 자료
   - 행위 결정문서(기본계획, 시행계획, 지침, 방침, 협의 등)
   - 행위 결정 근거자료
   - 기관 및 사업관리 정보시스템 보유 자료
   - 원시자료 이용 추출자료
   - 국내 유사업무 또는 관련업무 수행 외부기관의 동일·유사 자료
   - 국외 유사기관 및 민간기관 사례 자료
   - 외부 전문가 등의 의견자료
   - 설문, 용역, 관찰, 현지조사, 면담 등을 통한 직접 수집 자료

4. 점검대상 선정방법

- 점검대상에 대한 자료 수집과 분석을 통해 「구체적인 대상을 선정」
- 관계기관에 요청하여 현상조사 및 현황 파악 후 표본점검 대상(약 50개소)과 최종 현장점검 대상(약 10~20개소)을 결정
- 점검방향에 따라 현황 등 일반적인 자료와 특정한 사안에 관한 자료까지 광범위하게 수집
- 대상기관(재난관리책임기관)이 발행하는 자료 및 관리시스템(필요시 대상기관의 시스템 권한 부여 요청), 정보통신망 적극 활용
- 점검분야에 대한 통계자료, 사고이력(국내·외 사례), 관계기관의 안전관리체계 등을 조사

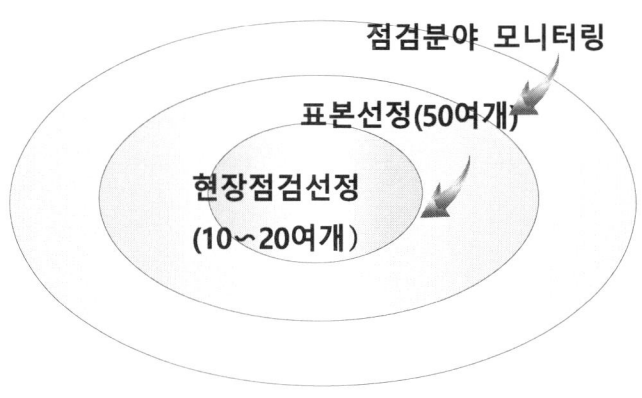

그림 3.1 점검대상 선정방법

5. 점검준비회의(초청교육 및 연찬회)

- 점검 소관분야에 대한 전문지식 함양 및 점검요령을 습득하기 위하여 관련분야 외부 전문가를 초청하여 특별교육 실시(점검 1주일 전에 1~2회)
    - 점검대상에 대한 제도적 문제점 및 개선방안, 주요 점검 항목 등
- 점검단장은 점검의 성질, 수검 기관 의견 등을 고려하여 자체연찬회를 개최하여 점검실시 배경 및 목적, 점검진행 일정을 설명
    - 다음 사항에 유의하여 점검위원 개인별로 수집·준비한 점검 참고자료를 차례대로 발표하고 위원들 간 질의응답 및 토론 실시

점검준비회의 내용

- 점검 실시배경 및 목적
- 점검대상, 점검범위 및 점검중점
- 점검 진행일정
- 점검진행방법과 점검진행과정에서의 상호협조사항
- 점검대상 기관의 점검요망사항 및 애로사항 확인

---

6. 점검계획서 작성 및 통보

- 사전분석 결과 등을 고려하여 실현가능성이 있는 점검목표를 제시하고 이와 관련하여 점검중점, 세부점검사항을 선정하고 예상 문제점을 파악
- 점검자의 전문성과 성격, 적성, 능력, 경력 등을 고려하여 점검성과를 확보할 수 있게 점검단을 편성
  - 가급적 점검단의 개인별 사무분장을 지정하여 점검실시 전에 점검 착안 사항과 점검기법을 충분히 준비
  - 점검목적에 따라 자료를 수집·분석, 문제점을 도출·검토한 후 점검방법 등에 대한 점검 계획을 수립
  - 점검결과의 전문성과 객관성을 확보하기 위하여 필요시 외부전문가 점검자문위원회를 구성·운영
  - 점검자는 분장된 점검업무에 대하여 자료수집 및 착안사항의 연구·검토 등 사전준비 철저
- 점검대상 기관, 점검관 연락처 및 현황 확보(지자체, 공사, 공단 등)
  * 각 기능별(소방, 전기, 가스, 등) 점검관 확보 조치 및 배정
- 점검계획 보고서에는
  - 추진배경 및 방향

- 관련 안전관리체계 및 제도 등 분석
  ▷ 관련법령
  ▷ 안전관리체계
  ▷ 법령에 따른 제도 등 분석
    • 종합계획, 현황분석, 교육 및 지자체 조례 등 분석, 국회 법령 개정 동향 등 분석, 언론모니터링 분석(1년)
- 관련 제도 등 분석 결과 시사점
- 점검추진계획
  ▷ **점검개요** : 점검기간, 점검장소, 점검대상, 점검반편성, 점검내용
  ▷ **주요점검내용** : 점검대상 관련 법령의 중점점검사항, 시설·전기·가스·소방·승강기·보건위생 등 개별법 등 점검
  ▷ **향후계획** : 현장점검, 점검결과 지적사항 및 제도개선 사항 이행 등
  ▷ **붙임** : 정부합동 안전점검대상 및 점검반 편성, 각종 현황자료, 점검표 등
■ **점검계획 기관통보** : 점검계획보고서 내용 중 점검개요, 주요점검내용, 향후계획, 붙임 중 정부합동 안전점검대상 및 점검반 편성, 점검표와 기관별 점검참여 및 협조사항 통보

제 2 절 현장점검

1. 점검 관련 사전 부처 등 회의

- **회의시기** : 점검일 1주일 전
- **회의주재** : 점검관련부서 정책관(국장) 또는 과장
- **참석대상** : 점검관련 각 부처 과장, 공사·공단, 민간전문가 등
- **회의내용**
  - 점검의 목적
  - 제도 등 분석결과 및 시사점
  - 점검대상별 중점 점검사항 및 점검표
  - 각 부처 등 점검 참석 협조요청 등

2. 점검반 사전교육

- **회의시기** : 점검일 1~3일 전
- **회의주재** : 안전점검 총괄(정부합동안전점검단장/정부합동안전팀장)
- **회의참석** : 점검반 전체(필요시 민간전문가 등 참석)
- **회의내용**
  - 점검의 목적

- 제도 등 분석결과 및 시사점
- 점검대상별 중점 점검사항 및 점검표
- 각 부처 등 점검 참석 협조요청 등

3. 현장점검

■ 점검단장 / 반장 임무

- **점검단장/반장** : 당초계획 및 목적에 부합하는 점검진행 유도, 점검대상 업무량을 고려하여 점검방법 및 점검내용의 조정 등 총괄
- **점검위원** : 점검체크리스트에 따라 이를 검토하고 지시한 사항 수행

■ 현장점검

- 점검개시 회의 및 설명
  ▷ 점검 목적, 방향, 범위 설명
  ▷ 점검대상 시설의 일반 현황 및 안전관리계획 자료 청취 및 질의응답
  ▷ 점검에 필요한 확인할 서류 요청 및 확인

- 점검결과 처분계획 설명
  ▷ **현지시정** : 법적사항으로 현지시정 가능한 것으로서 경미한 사항

▷ **시정요구** : 법적사항으로 현지시정이 어렵고 시정을 위한 기간, 예산이 소요되는 사항

▷ **개선권고** : 비법적사항으로 현지시정이 어렵고 안전관리를 위한 개선이 필요한 사항

- **현장안전점검 실시** : 분야별로 현장점검 및 점검표를 육하원칙에 의거 쉬운 용어로 작성하고 사진 확보 및 현지시정, 시정요구, 개선권고로 구분

- **점검결과 설명** : 분야별로 지적사항 설명 및 점검대상 기관의 건의사항 의견 청취, 지적사항 조속히 개선하도록 당부 등

■ 현장점검 시 유의사항

- 형식적 육안점검만을 원칙으로 중요한 지적사항을 발견하지 못하고 사소한 사항만 지적하여 정부기관으로서의 품위를 잃지 않도록 하여야 함

- 과잉점검 또는 편파점검 등으로 사회적 물의를 일으키지 않도록 함

- 점검위원이 수검관계자로부터 향응을 받거나 점검자료 유출이 발생 하지 않도록 해야 함

- 점검기간 중 점검대상기관의 일상 업무에 지장을 주지 않도록 노력하여야 함

- 신분과 직위에 적합한 숙소와 식당을 이용하여야 하며

점검반원끼리 함께 식사하는 것을 원칙으로 하고, 과도한 음주, 오락행위 등으로 품위를 손상하는 행위를 하여서는 아니 됨

- 점검이 종료되면 출장기간에 관계없이 즉시 귀청하고 출장기간 중 개인적인 일을 도모하거나 출장지 이외의 지역을 여행하여서는 아니 됨

- 점검위원은 점검 자료가 점검목적과 관계없이 외부로 유출되지 않도록 주의를 다하여야 함

4. 현장점검 결과 일일 보고서 작성 및 보고

■ **보고방법** : 바로톡, 카카오톡 등으로 점검단장, 과장에게 보고

■ **보고내용** : 점검개요(점검대상, 점검일자, 점검자), 주요점검결과(대상시설별 지적건수, 분야별 주요 지적사항, 제도개선 및 수범사례 발굴)

■ **조치사항** : 점검단장 및 과장의 지시사항 반영하여 점검

제 3 절 점검결과 보고서 작성 및 통보

1. 점검결과 보고서 작성 시 고려사항

- **작성방향** : 법령 및 기준 적용의 적정 여부가 주된 쟁점인 바, 상대방을 논리적으로 설득 시킬 수 있도록 작성
  - 점검기관 및 단체를 납득시키기 위해서는 "논리구성에 과부족은 없는가?"
  - "제시된 정보를 근거로 판단하면 누구든지 이러한 결론이 도출 되는가?" 등의 의문을 해소

- **작성기준** : 보고서 작성 시 적시성, 완전성, 간결성, 논리성, 정확성, 공정성 등 6원칙에 입각하여 작성
  - 어문규범에 맞도록 어휘를 선택하고 문장을 서술
  - 점검대상 기관 및 단체 또는 국민이 쉽게 이해할 수 있도록 서술
  - 내용에 모호함이 없도록 분명하게 서술
  - 논지의 일관성을 유지하고 앞뒤가 맞게 서술
  - 구체적으로 기술하되 내용이 너무 장황하지 않도록 서술

표 3.1 점검결과 보고서 작성기준

구 분	내 용
적시성	• 지연 보고하여 점검성과를 저해하거나, 점검기관의 업무처리에 지장을 주지 않도록 적기에 보고
완전성	• 점검목적의 달성에 필요한 모든 정보를 포함해야 함
간결성	• 전달하고자 하는 내용만 간략하게 나타내고 필요 이상으로 길거나 불필요한 반복을 피해야 함
논리성	• 논리적이고 이해하기 쉬워야 하며 모호한 표현, 일반화 되지 않은 약어나 전문용어는 가급적 피해야 함
정확성	• 증거에 기초하여 정당성을 입증할 수 있도록 바르게 보고하고 점검범위, 방법, 증거에 한계가 있는 경우에는 이를 명백히 밝혀야 함
공정성	• 점검기관 및 단체의 변명 또는 반론과 전문가의 자문내용을 충분히 고려해야 하고 문제점을 과장하거나 편향된 시각으로 작성해서는 안됨

2. 점검결과 보고서 작성

- **점검개요** : 점검기간, 점검대상, 점검반 편성, 주요 점검내용 등
- **점검결과**
  - **요약** : 총괄(지적사항 및 제도개선 과제 건수), 총평, 분야별 주요 지적사항, 제도개선요구과제

    ※ 총평은 점검결과 전체를 평가하여 점검대상 기관 및 단체가 잘하고 있는 점과 문제점 해소를 위하여 필요한 조치사항 기재

  - **분야별 지적사항**(점검대상 시설의 특성이 반영) : 핵심적인 사항을 기술하는 부분으로 대체로, 유형, 제목, 내용(기준, 문제점 및 지적사항), 조치계획 순으로 작성
- **점검결과 제도개선 과제** : 제목, 관계기관, 현황, 문제점, 개선방안으로 구분하여 작성
- **점검결과 수범사례**
- **행정사항 및 향후계획**
- **첨부** : 현장점검 일정 및 대상, 지적 및 개선필요 사항 총괄표, 세부지적사항 및 개선사항(점검대상 시설별로 작성), 보고서 현황 등

3. 점검결과 통보

■ **점검결과**는 「재난안전법」 제32조제3항 및 제4항에 따라 지적사항에 대하여 조치계획을 제출하도록 점검대상기관 및 주관부처 통보

- 주관부처에서는 유사한 지적사례가 발생하지 않도록 점검대상기관외의 기관에 전파
- 시도에서는 지적사항에 대하여 점검대상기관에 통보
- 지적사항에 대한 조치계획을 약 2개월을 정하여 통보
- 조치계획에는 지적사항 중 현지시정 등 소요기간이 2개월 미만인 것은 증빙자료와 함께 제출하고, 2개월 이상 소요되는 지적사항은 조치계획 등이 포함된 집행계획을 우선 제출하고 집행계획에 따라 조치한 사항을 지체없이 처리결과 제출토록 요청
- 점검결과 제도개선 요구과제는 우선적으로 관리카드를 1~2개월 안에 제출하도록 통보

제 4 절 점검결과 후속조치 이행력 확보 방안

1. 안전점검 결과 및 조치결과 시스템을 통한 공개

- 근   거 : 「재난 및 안전관리 기본법」 제32조제6항
  * 안전점검 결과와 조치결과를 안전정보통합시스템을 통하여 공개
- 추진시기 : 안전점검 및 조치완료 시 즉시 시스템 입력
- 추진내용 : 안전점검 결과 지적사항에 대한 조치 사항을 안전정보통합시스템을 통하여 공개

2. 안전점검 결과 조치계획 수립

- 근   거 : 「재난 및 안전관리 기본법」 제32조제4항
  * 보완이나 개선이 필요한 사항, 조치계획 수립 행정안전부장관에게 통보
- 추진시기 : 안전점검 결과 통보일로부터 60일 이내
  ※「건축물관리법 시행령」제16조제2항 준용(60일 이내 보수·보강 등 조치계획 수립)
- 추진내용 : 현지시정 조치 결과 및 60일 이상 소요되는 지적사항 등 조치계획 수립

3. 후속조치 추진상황 모니터링 실시

- 근　　거 : 「재난 및 안전관리 기본법」제32조제4항
  * 보완이나 개선이 필요한 사항에 대한 조치계획 수립, 행정안전부 장관에게 통보
- 추진시기 : 분기별 실시
- 추진내용 : 제도개선과제 및 지적사항 추진 실적 모니터링 하여 독려

4. 해당 점검관련 대상기관 후속조치 대책회의 개최

- 대상기관 : 해당 중앙행정기관, 공사공단, 관련 지자체 등
- 추진시기 : 안전점검 결과 완료보고 후 필요한 경우
- 추진내용 : 제도개선과제 및 지적사항의 후속조치 설명 및 당부 등

5. 지적사항 이행실태 확인점검 실시

- 근　　거 : 「재난 및 안전관리 기본법」제32조제5항
  * 행정안전부장관은 조치결과를 점검할 수 있음
- 추진시기 : 반기별 현지확인 점검

- 추진내용 : 지적사항 조치결과에 대하여 적정 여부의 이행실태 점검

6. 후속조치 추진상황 재난관리평가 지표 반영

- 근   거 : 「재난 및 안전관리 기본법」제33조의2제1항제1호

  * 대규모재난의 발생에 대비한 단계별 예방·대응 및 복구과정

- 추진시기 : 2022년 추진실적에 대한 2023년 평가 시부터 실시

- 추진내용 : 제도개선과제 및 지적사항 추진실적 등

7. 개별법령 벌칙 등을 적용한 조치 요구

- 추진시기 : 지적사항에 대하여 2년 이내 미추진 할 때

  ※ 「건축물관리법 시행령」제16조제3항 준용(점검결과 보고받은 날부터 2년 이내 조치 시작)

- 추진내용 : 해당 점검대상시설에서 지적사항을 이행하지 않은 경우, 지자체 해당부서에서 현장 점검을 실시한 후 개별법에 따라 조치 실시

8. 후속조치가 미흡한 시설 및 재난관리책임기관에 대한 안전감찰 요구

- 근   거 : 「재난관리 의무 위반 처분에 관한 규칙」
  제5조(안전감찰의 유형)

  * 재난관리 이행실태 등을 집중적으로 확인하여 재난관리 의무위반이나 소홀행위를 적발

- 추진시기 : 지적사항에 대하여 3년 이내 미완료 할 때
  ※「건축물관리법 시행령」제16조제3항 준용(3년 이내 보수.보강 등 필요한 조치 완료)

- 추진내용 : 해당 점검대상시설에서 지적사항을 이행하지 않은 경우

  ▸ 행정안전부 해당부서에서 안전감찰부서에 안전감찰 요구

  ▸ 안전감찰부서에서 지자체의 공무원이 해당시설에 대한 조치사항 및 현장 시설물 등을 확인을 실시한 후 관계공무원에 대한 징계 요구 및 현장에 대하여 조치 지시

  ※ 감사시효(3년)를 감안하여 사전, 안전감찰담당관과 협의

9. 재난관리 의무위반에 대한 징계 요구

- 근   거 : 「재난 및 안전관리 기본법」 제77조제2항
    * 행정안전부장관, 시·도지사, 시장·군수·구청장은 안전점검 등의 업무를 수행할 때 지시를 위반하거나 부과된 업무를 게을리한 공무원 및 직원, 징계 등 요구
- 추진시기 : 관계 공무원 등이 지시사항을 이행하지 않을 때
- 추진내용 : 지적사항 추진실적이 미흡하여 현장확인 점검 시 관계공무원 등이 지시사항 등을 따르지 않아 추진이 미흡한 경우 실시

제 4 장
분야별 안전점검 체크리스트

제 4 장 분야별 안전점검 체크리스트

제 1 절 안전점검 체크리스트

1. 관련 법령상 안전점검표

■ 안전점검 체크리스트는 건축물, 전기, 가스, 소방, 승강기 등과 각종 시설물에 대하여 개별법령에서 점검항목을 마련되어 있는 법령과 마련되어 있지 않는 법령도 있다.

표 4.1 개별법령의 점검항목

법 령 명	조 문 내 용
시설물의 안전 및 유지관리 실시 등에 관한 지침	• 안전점검 등의 과업 내용
건축물관리점검지침	• 건축물의 정기점검표 • 공작물점검표 • 건축물 긴급점검표 • 소규모 노후건축물등 점검표
교육시설 안전점검 등에 관한 지침	• 안전점검의 실시방법
도시가스사업법 시행규칙	• 도시가스 수요자 시설 안전점검표를 작성

법령명	조문내용
액화석유가스법 시행규칙	• 소비설비 안전점검표 또는 액화석유가스 자동차 안전점검표를 작성
소방시설법 시행령	• 소방특별조사의 항목
다중이용업소의 안전관리에 관한 특별법 시행규칙	• 다중이용업소 안전시설등 세부점검표
소방시설법 시행규칙	• 점검사항·세부점검방법 및 소방시설등 점검표
승강기 안전운행 및 관리에 관한 운영규정	• 자체점검기준
연구실 안전환경 조성에 관한 법률 시행령	• 안전점검지침 및 정밀안전진단지침의 작성
체육시설 안전점검 지침	• 소규모 체육시설용 자율안전점검표
체육시설의 설치·이용에 관한 법률 시행령	• 체육시설 안전점검의 항목 및 평가기준
궤도시설 점검·정비요령	• 일상점검요령 • 정기점검요령 • 삭도시설의 수신장치, 와이어로프, 절연저항, 접지저항, 시운전결과 점검표 • 궤도시설의 와이어로프, 절연저항, 접지저항, 시운전결과 점검표

법 령 명	조 문 내 용
소하천의 유지·보수 등에 관한 세부기준	• 점검내용 - 일상관리, 제방, 호안, 하상유지서설 및 보, 수문, 저류시설, 기타시설, 하도준설
수상레저안전법 시행령	• 안전점검의 대상 항목
어린이놀이시설법 시행령	• 안전점검의 항목 및 방법
유선 및 도선 사업법 시행령	• 안전점검 대상항목
철도종합시험운행 시행지침	• 시설물검증시험 점검항목 • 도시철도 시설물검증시험 점검항목 • 철도시설의 기술기준의 적합 여부 검토 점검항목 등

2. 국가안전대진단 안전점검표

- 2018년도 국가안전대진단 점검항목에 대하여 자체점검결과에 대한 전문가의 확인점검 결과 전체 점검 대상시설 점검표(4,207개) 중 자체점검과 일치한 항목은 4,044개(96.1%), 불일치 항목은 163개(3.9%)로 나타났다.

- 점검항목에 대하여 포괄적인 점검항목으로 점검자에 따라 점검항목의 적합 여부가 차이가 있음을 알 수가 있다. 비전문가는 적합으로 판정하였으나 전문가의 판단은 부적합으로 판단한 사례이다.

- 점검항목 이외 사항을 분야별 전문가 입장에서 점검한 결과 점검대상 110개소에서 지적사항이 879개 나왔다. 분야별로는 전기 212개(37.5%), 시설 182개(32.25), 소방 110개(19.45), 가스 41개(7.2%), 기타 21개(3.7%)로 국가안전대진단의 점검항목의 개선이 필요함을 알 수가 있다.

- 2019년부터는 점검항목을 포괄적 점검표에서 세부적인 점검항목으로 개선하고, 특성점검표는 각 시설별 해당 부처에서 제작·활용하도록 한 바 있다.

- 점검표는 해마다 법령 개정사항 등을 수정·보완하였으며, 이 책에서 제시하는 점검항목은 2020년도 부처 및 지자체에 통보한 국가안전대진단 점검표에서 2021년도에 수정·보완하였다.

제 2 절 건축시설물 분야 안전점검 체크리스트

1. 건축물 분야

| 점검결과 | 적합(○) | 부적합(×) |

점 검 항 목	점검결과	부적합 사유
안전관리 실태		
• 시설물 안전 및 유지관리계획은 적정한지? (시설물안전법 대상의 시설물 안전 및 유지관리 계획을 FMS등재 및 등재항목 적정)		
• 안전점검 및 정밀안전진단은 이행하고 있는지? (시설물안전법 및 주택법 대상시설의 안전점검 및 정밀안전진단 이행)		
• 안전점검 및 정밀안전진단 결과에 따른 보수·보강 이행하였는지?		
• 주택법 대상시설의 안전관리자 및 경비업무 종사자의 교육은 이수 하였는지?		
• 공동주택의 주택관리사는 매3년 주기로 교육이수 하였는지?		
• 자체 정기안전점검 담당자의 자격 적정하였는지?		
• 석면사용건축물의 석면조사 및 6개월마다 손상상태와 비산가능성을 조사하였는지?		
• 석면사용건축물의 석면안전관리자 지정 및 교육 이수 하였는지?		
• 고·저수조의 매년 2회 청소 실시하였는지?		

점 검 항 목	점검 결과	부적합 사유
구조 안전성		
• 건축물 주변 지반의 단차 및 균열은 없는지?		
• 건축물 인근의 지하수 누출은 없는지?		
• 건축물의 바닥은 기울지 않고 창문은 원활하게 개폐되는지?		
• 건축물 외벽의 수직상태를 유지하고 있는지?		
• 건축물의 구조체(기둥, 보, 슬래브, 내력벽)에 균열(누수, 백화현상) 없는지?		
• 건축물에 균열(누수, 백화현상)이 발생하였을 경우 적정하게 관리되고 있는지? (손상규모, 발생위치, 진행성, 보수 등)		
• 건축물의 철근 노출 및 박락(박리), 재료분리 등이 없는지?		
• 건축물의 콘크리트 표면에 들뜸이 없는지?		
• 건축물의 구조물 이음부 등에 누수가 없는지?		
• 건축물의 기둥, 보, 슬래브, 내력벽의 설계 단면 손상이 없는지?		
• 건축물의 지붕 및 건물 내에 설계도에 없는 구조물, 탱크 등 설치는 없는지?		
• 건축물 철골재 접합부의 볼트 누락 및 부식이 없는지 및 체결상태는 양호한지? (여유길이, 풀림, 틈새 등)		
• 건축물 철골재 접합부의 용접은 적합하게 시공되고 부식이 없는지?		
• 철골재 건축물의 철재는 부식으로 단면결손 및 도장 탈락은 없는지?		

점 검 항 목	점검 결과	부적합 사유
• 철골재 건축물의 기둥, 보, 슬래브의 휨, 처짐, 훼손, 부재 누락 등 손상 없는지?		
건축마감재		
• 건축물 지붕 및 옥상의 난간 높이가 1.2m 이상 및 튼튼하게 설치하였는지?		
• 건축물 지붕 및 옥상의 지붕 마감재 탈락은 없는지 및 옥상에 비산우려 물체가 없는지?		
• 건축물 지붕 및 옥상의 배수구멍에 거름망 설치 및 기능 발휘에 문제가 없는지?		
• 건축물 지붕 및 옥상 방수층은 손상 및 잡초의 식생은 없는지?		
• 건축물 지붕 및 옥상의 배수기능은 원활하게 확보하였는지? (배수구배, 지장물 등)		
• 건축물의 내·외부 마감재는 탈락, 들뜸, 추락의 위험은 없는지?		
• 건축물의 내·외부 마감재는 과도한 변이는 없는지?		
• 건축물의 공용계단의 발판은 미끄럼방지시설을 설치하였는지?		
• 건축물의 피난계단 또는 특별피난계단의 논슬립 패드는 눈에 잘 띄도록 밝은 색상이나 형광색으로 시인성 표시를 하였는지?		
• 건축물 실내 난간은 적정한 높이를 유지하고 난간 살은(간격, 수직설치 등) 적합한지? (난간높이 : 120cm, 난간은 영유아 및 어린이가 딛고 올라갈 수 없는 구조로 하되, 난간 사이 간격이 있는 경우에는 10cm 이하)		

점 검 항 목	점검 결과	부적합 사유
• 건축물의 추락 등 위험이 있는 공간에 면하는 창호 등을 설치하는 경우에는 창호 등의 개폐 시 추락 등을 방지하기 위한 안전시설을 설치하였는지?		
• 건축물 환기구 등 덮개는 변형, 부식 등이 없는지 및 우수 등의 유입이 되지 않도록 설치하였는지?		
• 건축물 환기구의 점검로 또는 점검사다리는 변형, 부식이 없는지?		
• 건축물의 옥상 등에 배기팬, 쿨링타워는 주변울타리를 설치하였는지 및 에어컨 실외기는 바닥으로부터 높이 2.0m 이상 설치 또는 바람막이를 설치하였는지?		
• 건축물의 선홈통 하부는 세굴방지를 위한 낙수받이(빗물받이 블록, plate판, 타일 등)를 설치하였는지?		
• 건축물의 기계실 장비 기초에 앵커(2개소 이상) 설치하였는지?		
• 건축물의 턱진 부분, 계단 단차, 경사로 등에 시인성(노란색 실선)을 표시하였는지?		
• 건축물에 들어가는 출입문이 자동문인 경우에는 출입문이 자동으로 작동하지 아니할 경우에 대비하여 시설관리자 등을 호출할 수 있는 벨을 자동문 옆에 설치하였는지?		
• 내진건축물의 사무실 바닥 이중마루는 내진 시공을 하였는지?		
• 건축물의 무대상부 등은 점검통로를 설치하였는지?		
• 건축물 옥상의 태양광 설비는 유지관리를 위한 발판을 설치하였는지?		

2. 전기 분야

| 점검결과 | 적합(○) | 부적합(×) |

점 검 항 목	점검결과	부적합 사유
안전관리		
• 전기안전관리자는 선임하였는지?		
• 전기안전관리자가 월차, 분기, 반기, 연차점검(정전점검) 등 현장점검 이행하고 있는지? (연차(정전) 연간 1회 이상 실시)		
• 전기안전관리자가 점검기록 서류 비치 및 보관(4년간)을 하고 있는지?		
• 전기안전관리자가 전기안전교육 실시 및 계측기 검·교정 등은 하였는지?		
• 전기안전관리법에 의한 법적 정기검사(점검)를 받았는지?		
누전 · 배선용차단기		
• 차단기의 정격전류와 배선의 굵기는 적정한지?		
• 차단기는 절연함(분전함) 내에 견고하게 설치되어 있는지?		
• 정격소비전력 3kW 이상 전기기계기구는 전용차단기(1회로)로 사용하고 있는지?		
• 누전차단기는 수동 차단동작시험(가능개소) 이상 없는지? (누전차단기 수동트립(황색·적색 버튼) 이상 유·무, 외관(파손·손상) 상태 및 접속점 이상 유·무)		

점 검 항 목	점검 결과	부적합 사유
• 전기기계기구가 적절한 누전차단기에 연결되어 있는지? (냉장고, 세탁기, 에어컨, 옥외 조명시설, 간판 등을 포함한 금속재로 되어있는 전기기계기구, (욕실, 화장실 등 물기를 사용하는 곳의 콘센트는 인체감전보호 15㎃ 고감도용 누전차단기 또는 고감도형 누전차단기 붙임형 콘센트 사용))		
• 욕실 등 물기가 있는 곳에는 방적형(커버용) 콘센트가 설치되어 있는지? (화장실 등 물기가 있는 곳에는 물 침입 예방이 가능한 콘센트를 사용)		
배·분전반		
• 배·분전반 외함은 규정에 맞게 사용하고 있는지? (불연성 또는 난연성(옥외는 방수형)을 사용)		
• 배·분전반 앞에 적치물 및 내부에 이물질, 부식, 누수, 분진이 있는지?		
• 배·분전반 내의 차단기와 배선의 접속 상태는 양호한지?		
• 배·분전반 잠금장치는 하였는지? (취급자 이외 개방할 수 없도록 잠금장치 시공)		
• 각종 지시계(전압계, 전류계 등)의 동작 상태는 양호한지?		
배선상태		
• 옥내 배선은 규격품 전선을 사용하고 있는지?		
• 전선 접속 상태 및 열화, 피복 등 외관과 고정은 양호한지?		
• 옥외 배선은 바닥 노출을 금지하였는지? (간판 및 광고용 포함)		

점 검 항 목	점검결과	부적합사유
• 옥외 배선의 가공 및 벽 등에 시공된 전선은 규격품 사용하였는지?		
• 옥외 배선의 노출 가능 배선(케이블) 이외는 전선관 내 시공하였는지?		
전기기계기구 및 접지상태		
• 접지극 부착형 콘센트를 사용하고 있는지?		
• 보조 전원용 멀티탭 사용하였는지? (과부하 차단형(ON/OFF가능형) 사용)		
• 바닥의 멀티탭은 고정하였는지? (미고정시 분진, 손상 될 우려 높음)		
• 콘센트, 스위치의 접속 상태 등 외관과 고정은 양호한지? (옥외 시공은 방수형 제품을 사용, 벽에 고정한 콘센트, 스위치 고정 및 분진 상태)		
• 멀티탭을 문어발식으로 사용하여 권장전력을 초과하고 있는지? (권장전력=허용전력×80%)		
• 외부 조명설비 금속제 등주 및 안정기에 접지가 연결되었는지? (접지 및 방수형 사용)		
• 전기기계기구(냉장고, 에어컨, 전동기 등)는 형식승인된 제품을 사용하였는지? (전열기, 스위치, 콘센트 등 KC 또는 KS품 사용)		
• 전기기계기구(냉장고, 에어컨, 전동기 등) 접지 시공하였는지?		

점 검 항 목	점검 결과	부적합 사유
• 전동기에 누전보호 장치(누전차단기, EOCR 등) 시공되어 있는가? (비상용(소방 등) 전동설비 이외 사람이 쉽게 접촉할 우려가 있는 전동기에는 누전 보호 장치가 설치)		
• 전기설비 장기간 사용하여 노후가 진행되고 있는지?		
• 기타 전기기계기구 고정 및 부식, 분진, 부품손상 등은 없는지?		
비상발전설비		
• 비상용발전기의 가동(운전)이 가능한지? (한전 정전 시 자동절체스위치(ATS)로 전환 가능, 무부하 수동운전 가동 상태 등)		
• 각종 지시계는 정격범위를 유지하고 있는지? (정격 전압, 주파수, 회전수(RPM), 온도 등)		
• 소모품 관리 상태는 양호한지? (연료량, 냉각수량, 축전지 상태, 엔진오일, 공기필터 등)		
• 유류, 엔진오일, 냉각수의 외부유출이 없는지?		
• 비상용발전기 중성점과 외함 접지는 시공되어 있는지?		
전기실, EPS실, 축전지실		
• 전기실 출입문에 잠금장치 설치 및 전기위험표지판은 부착되어 있는지?		
• 내부에 가연성 물질을 보관하고는 없는지?		

점 검 항 목	점검 결과	부적합 사유
• 축전지실 관리는 잘되고 있는지? (별도의 축전지실 있을 경우 강제 환기장치 설치 및 온도 23°±5℃, 습도 80% 이하로 관리)		
방화구획		
• 케이블 관통부는 내화충전구조(방화구획 불연성 재료로 충전)로 마감되어 있는지? (전기실, 비상용발전기실, 전기배관통로(EPS)실)		

3. 가스 분야

| 점검결과 | 적합(○) | 부적합(×) |

점 검 항 목	점검결과	부적합사유
안전관리실태(공통) *허가시설은 관련법에 따름		

• 가스사고배상책임보험은 가입하였는지?
(- 특정고압가스 : 압축가스 50㎥ 이상·액화가스 250kg 이상 사용자
  - LPG :
    ▷ 1종보호시설이나 지하실에서 식품위생법에 따른 면적 100㎡ 이상 업소
    ▷ 1종보호시설이나 지하실에서 식품위생법에 따른 50명 이상 집단급식소
    ▷ 전통시장에서 저장량 100kg 초과인 저장설비를 갖춘 자
    ▷ 위 사항 외 용기 250kg(절체기사용 및 소형저장탱크 500kg) 이상 저장 사용자
  - 도시가스 : 월 사용예정량 3,000㎥ 이상인 사용자)		

• 사용시설의 안전관리책임자를 적정하게 선임하였는지? (고압가스 : 압축가스 100㎥·액화가스 250kg 초과 저장시설, LPG : 용기 250kg(소형저장탱크 1톤) 초과 저장시설, 도시가스 : 월사용 예정량 4,000 ㎥ 초과)		
• 안전관리책임자 정기교육은 이수하였는지? (최초 선임 후 6개월 이내, 이후 매 3년 마다)		

점검항목	점검결과	부적합사유
배치기준(공통)		
• 화기와의 거리를 유지하는지? (- 고압가스 : 가연성가스의 가스설비 및 저장설비는 화기취급장소와 우회거리 8m(산소 저장설비는 5m) - LPG : 저장설비, 감압설비 및 배관은 화기 취급 장소까지 저장능력 1톤 미만은 2m, 3톤 미만 5m, 3톤 이상 8m 이상의 우회거리 유지 (주거용은 2m) 또는 유동방지시설 등 설치 - 도시가스 : 가스계량기 또는 입상배관과 우회거리 2m 이상)		
• 가스계량기와 전기설비의 이격 거리는 적정한지? (전기계량기·전기개폐기 60㎝ 이상, 비단열 굴뚝. 전기점멸기·전기접속기 30㎝ 이상, 비절연전선 15㎝ 이상의 거리 유지)		
저장설비(LPG)		
• LPG 용기설치장소 및 보관실 설치방법이 적정한지? (- LPG용기는 옥외 평평한 곳에 설치하고, 넘어짐 방지용 체인설치, 누출 시 실내유입이 없어야 함 - 저장량 100kg초과 시 불연재료로 용기보관실 설치 - LPG용기 저장시설 차양조치 설치)		
• 소형저장탱크 설치방법은 적정한지? (통풍이 양호한 옥외에 5cm 이상 두께의 일체형 콘크리트 기초위에 설치하고, 전기접지를 실시. 탱크주변 지반침하가 없어야함)		

점 검 항 목	점검 결과	부적합 사유
가스설비, 배관설비 (공통)		
• 중간밸브(퓨즈콕) 및 호스의 설치는 적정한지? (- 연소기 각각에 퓨즈콕(단, 연소기가 배관에 연결되거나 소비량이 19,400kcal 초과하거나 연소기 사용압력이 3.3kPa를 초과하는 경우에는 배관용 밸브 설치가능) 설치 - 호스는 3m 이내로 설치하고, 호스 접속부는 호스밴드로 고정하며, 호스를 "T"자 형태로 설치한 곳은 금지)		
• 배관의 고정 상태는 적정한지? (관경 13mm 미만 1m, 13~33mm는 2m, 33mm 초과는 3m마다 고정)		
• 배관의 방호조치와 부식방지 도색은 적정한지? (- 차량추돌 등 충격 우려되는 배관은 배관 방호철판(4mm 이상) 설치 - 배관은 황색도색 또는 기타 도색 후 황색이중 안전띠로 표시)		
• 가스누출은 없는지? (비눗물(가스검지기)을 이용해 누출검지, 이상시 공급자 통해 조치)		
• 배관 말단부의 막음조치는 적정한지? (연소기가 연결되지 않은 배관 말단부는 안전캡으로 막음조치 실시)		
• 배관이음부와 전기설비 안전거리는 적정한지?		
• 배관재료는 적정한지? (저장설비로부터 중간밸브까지는 금속배관으로 설치)		

점 검 항 목	점검 결과	부적합 사유
연소기 (공통)		
• 보일러, 온수기설치(시공표지판 포함)와 배기통 재료는 적정한지? (목욕탕이나 환기불량 장소에 보일러나 온수기가 설치되지 않고(밀폐식의 경우 제외), 배기통은 내식성 재질로 배기에 방해가 없고, 접속부는 내열실리콘 등(석고붕대 사용금지)으로 마감조치)		
• 개방형 연소기 설치는 적정한지? (개방형 연소기가 설치된 곳은 환풍기나 환기구를 설치)		
• 강제(급)배기식 연소기 설치상태가 적정한지? (급기구가 설치되어 있고, 배기통이 정상 체결되어 있으며, 배기통 끝에 조류가 침투하지 못하도록 조치)		
• 가스용품은 검사품 또는 KS인증품을 사용하고 있는지? (모든 가스기구는 검사품 또는 KS인증품을 사용)		
사고예방 설비 (공통)		
• 용접(용단)용 작업기구에 역화방지장치가 설치되어 있는지? (산소·아세틸렌 화염시설과 용접·용단작업용 기구는 압력조정기와 토치 사이에 검사품 또는 안전인증을 받은 역화방지장치 설치)		
• 가스누출경보장치가 적정하게 설치되어 있는지? (- LPG : 저장능력 1톤 이상의 소형저장탱크 저장소에는 바닥에서 30cm 이내에 검지부가 있는 가스누출 경보장치를 설치할 것 - 기타 고압가스 : 공기보다 무거운 가연성가스 및 독성가스 설비에 경보장치 설치)		

점 검 항 목	점검 결과	부적합 사유
• 경계책과 경계표시("LPG저장소(연)", "화기엄금")는 적정한지?(저장능력 1톤 이상인 LPG 소형저장탱크는 경계책 설치 및 경계표시. 용기보관실 주위에 경계표시)		
• 가스누출자동차단장치 설치와 작동이 적정한지? (- LPG : 1종보호시설과 지하실에서 사용하는 자와 식품위생법에 따른 집단급식소나 식품접객업소(단, 소화안전장치가 부착되고 차단기능이 있는 다기능가스계량기를 부착한 경우 제외)는 연소기와 수평거리 4m 이내에 검지부가 설치되어야 함)		
- 도시가스 : 식품위생법에 따른 식품접객업소 면적 100㎡ 이상 시설과 지하에 설치된 시설(단, 2천㎡ 미만이고 소화안전장치 부착된 연소기에 퓨즈콕(상자콕)설치시설 및 차단기능이 있는 다기능 가스계량기 설치된 경우는 제외)은 연소기 수평거리 8m 이내에 검지부 설치)		
• 가연성가스 저장설비에는 환기시설이 적정한지? (저장소가 별도 건물에 있는 경우는 양방향 통풍구나 환풍기를 설치)		
• 가스검지부 설치 위치는 적정한지? (- LPG : 바닥면으로 부터 검지부 상단까지 30㎝ 이내 - 도시가스 : 천장으로부터 검지부 하단까지 30㎝ 이내)		
정압기(도시가스)		

• 정압기는 시설기준에 적정한지?
 (- 비눗물 등 가스누출 점검 시 이상이 없고, 가스 검지부 및 경보기가 정상작동 하는지, 이상압력 통보설비가 정상 작동하는지,
  - 과압 방출관이 지면에서 5m 이상 높이로 설치되었는지,
  - 분해점검(설치 후 최초 3년 후 및 이후 4년마다 내역 확인)		

4. 소방 분야

| 점검결과 | 적합(○) | 부적합(×) |

점 검 항 목	점검 결과	부적합 사유
자체안전관리 분야		
• 소방안전관리자 선임 등급은 적정한지? (특급, 1급, 2급, 3급)		
• 소방안전관리자 선임 자격은 적정한지? (국가기술자격증(기술사, 기사, 기타), 소방안전관리자수첩, 소방시설관리업체에 위탁선임, 타 법령에 따라 안전관리자로 선임(겸직), 기타)		
• 소방계획서 작성 및 내용은 미흡하지 않는지?		
• 다중이용업소 안전시설 등 점검(세부점검검표 작성) 및 보관은 적정한지?		
• 자체 소방교육 및 훈련 실시하였는지? (실시결과기록부 보관, 석자현황 작성 등)		
• 소방관서와 합동 소방훈련 실시하였는지?		
소화기구		
• 소화기의 설치 장소·거리는 적정한지? (은폐장소에 미비치, 구획된 실(33㎡ 이상) 마다 비치, 화재등급에 적절한 소화기배치, 보행거리 충족)		
• 소화기의 유지·관리는 적정한지? (안전핀 고정 상태, 지시압력계(충압) 상태, 분말소화기 내용연수 10년)		

점 검 항 목	점검 결과	부적합 사유
자동소화장치		
• 수신반 전원 이상 있는지? (수신반 상용전원 공급, 수신반 자체 고장 여부)		
• 감지기(탐지부) 설치 위치 적정한지? (천장으로부터 30cm이내 또는 바닥으로부터 30cm이내 미설치, 수신반과 배선 단선 여부)		
• 열원(가스, 전기) 자동차단장치 작동하는지? (수동기동 시 작동 여부)		
수계소화설비(공통)		
• 수원 및 약제량(포소화설비) 적정한지? (수원 저수량 확보, 펌프의 후드밸브 또는 흡수, 배관의 흡수구 설치위치 정상, 플루팅 스위치 고장에 따른 급수불량 여부, 볼탑 고장에 따른 자동급수 이상 여부)		
• 소화수의 공급배관은 적정한지? (급수배관 차단(폐쇄), 수배관 T/S 설치)		
• 가압송수장치 정상 작동하는지? (자동기동, 수동기동, 설비별 펌프 표기 표시, 전동기펌프 전원공급, 전동기펌프 모터 정상, 엔진펌프 동력제어반 정상, 엔진 펌프 내 점화스위치 정상, 엔진펌프 냉각장치 고장에 따른 과열발생 여부)		
• 동력 및 감시 제어반 관리 상태는 적정한지? (자동, 수동, 정지 상태 여부, 제어스위치 정지 상태, 동력제어반 표지 미표시, 감시제어반 회로이상(단락, 단선 등) 여부 등)		

점 검 항 목	점검결과	부적합사유
• 감시제어반, 비상전원 설치장소 방화구획 은 되었는지? (비상조명등 설치, 급·배기시설 설치, 방화구획 (방화문 관리상태, 벽 관통부 등))		
• 송수구 관리상태 및 소방차 접근 가능한지? (송수구 접근에 용이, 송수구 설치위치(높이), 송수구 마개 설치, 송수압력범위 표시, 송수구 내 쓰레기 삽입 여부)		
• 비상전원관리 상태는 적정한지? (비상전원 연료, 상용전원 차단 시 비상전원으로 전환, 축전지 불량 여부, 비상전원수전설비 등)		
옥내/옥외소화전		
• 소화전함 위치표시등 점등 상태 적정한지? (위치표시등 점등, 위치표시등 캡 탈락 여부, 펌프 기동표시등 점등)		
• 소화전함 내 호스, 노즐 등 관리상태 적정한지? (호스 및 노즐 결합상태, 호스 상태, 소화전 사용방법 미부착(외국어병기 포함), 호스 및 노즐 비치)		
• 소화전 사용에 지장을 초래하는 물건은 없는지? (소화전 앞 장애물 적치, 소화전 문개방 불가 여부)		
(간이)스프링클러 / 미분무 / 포소화전설비		
• 유수검지장치의 접근 및 점검은 용이한지? (접근불량 및 공간 확보, 유수검지장치실 표기 표시, 보호용 철망 등으로 구획)		

점검항목	점검결과	부적합 사유
• 유수검지장치의 개폐밸브 관리 상태는 적정한지? (개폐밸브 폐쇄 여부, 밸브 폐쇄 시 T/S 동작 여부, 개폐밸브 부식 여부)		
• 유수검지장치의 배수밸브, 시험배관, 감지기 또는 기동장치 작동 시 작동하는지? (유수검지장치 압력스위치 작동, 수동기동장치(SVP) 작동, 화재감지회로 이상(단선,단락) 여부)		
• 유수검지장치의 음향장치 정상 작동하는지? (방호구역 내 음향장치 출력 불량 여부, 감시제어반 부저 출력 불량 여부)		
• 설치장소별 헤드는 적정한지? (- 공동주택, 노유자, 침실, 입원실 등 - 헤드 적정성 불량(조기반응형) 여부, 헤드의 누락(미설치) 여부)		
• 헤드감열 및 살수 분포의 방해물은 없는지? (페인트 등에 의한 헤드 도색, 헤드 살수반경 확보, 헤드 천장 등 매립 여부, 차폐판 설치, 헤드 설치위치 부착면으로 부터 30cm 초과)		
• 동결 또는 부식할 우려가 있는 부분에 보온, 방호조치가 되고 있는지? (방호조치, 배관 및 밸브 등 부식 여부)		
• 배관, 관부속, 밸브류 등이 변형, 손상, 부식은 없는지?		
경보설비		
• 수신기의 고정·외형상태 및 조작은 용이한지? (수신기 주변 장애물 적치, 수신기 고정상태, 수신기 설치높이, 스위치 파손, 경계구역 일람도 미비치 여부)		

점 검 항 목	점검 결과	부적합 사유
• 수신기 방화구획 장소 설치하였는지? (근무자 상시 근무여부 포함) (방화구획 장소에 설치, 상시 근무 장소에 설치)		
• 수신기 자동설정 하였는지? (주경종, 지구경종, 부저 등) (수신기 화재신호 입력상태, 제어스위치 정지상태)		
• 발신기, 경종, 표시등 이상 없는지? (발신기 위치표시등 점등, 발신기 위치표시등 캡 탈락(파손) 여부, 발신기 누름스위치 동작, 발신기 응답표시등 점등, 지구경종 출력 상태, 지구경종 음량크기)		
• 음향장치는 적정한지? (경보방식 적용 불량(전층, 우선) 여부)		
• 감지기 설치 및 적응성 적정한지? (감지기 누락포함) (감지기 설치, 감지기 탈락 여부, 감지기 적응성 불량 여부, 감지기 동작 불량 여부, 감지기 송배전방식 미적용 여부, 감지기 회로 단선 여부)		
• 예비전원(축전지설비)은 적정한지? (예비전원 충전 불량 여부, 상용전원 차단 시 예비전원 자동전환 불량 및 용량부족 여부)		
• 비상방송의 화재 시 소방용으로 자동전환 되는지? (타 방송차단 및 연동관리 상태 포함) (비상방송설비 전원공급 차단 여부, 화재 시 소방용으로 자동전환 불량 여부, 경보방식 적용 불량(전층, 우선) 여부)		
• 비상방송이 화재 시 자동으로 화재안내 방송되는지? (자동화재탐지설비의 작동과 연동 불량 여부, 화재신호 입력 시 10초 이내 방송출력 불량 여부)		

점 검 항 목	점검 결과	부적합 사유
• 화재 시 자동으로 소방관서로 통보되는지? (자동화재탐지설비와 연동관리 상태 포함) (자동화재속보설비 전원공급, 자동화재탐지설비 와 연동)		
피난설비		
• 입구 및 비상구, 계단참 등에 유도등 설치하였는지?(크기 적정성 여부 포함)		
• 유도등 설치 위치 및 방향은 적정한지? (피난방향이 인지되는지 여부)		
• 유도등은 상시 점등되는지? (3선식의 경우 화재 시 점등 여부)		
• 유도등 및 유도표지의 파손·변형·탈락·누락은 없는지?		
• 유도등의 비상전원은 적정한지?		
• 비상조명등의 설비위치는 적정한지?		
• 비상조명등의 점검스위치 등 관리 상태는 적정한지?		
• 비상조명등이 예비전원은 적정한지?(내장형에 한함)		
• 피난기구의 사용방법은 표시하였는지?		
• 피난기구 및 고정 장치의 노후·파손·변형은 없는지?		
• 피난기구 설치장소는 적정한지? (축광식 표지 부착여부 포함)		
제연설비		
• 부속실 제연설비의 출입문(방화문, 창문)은 자동 폐쇄 되는지?		

점 검 항 목	점검 결과	부적합 사유
• 부속실 제연설비의 차압계는 정상 작동하는지? (차압표시계를 고정부착한 댐퍼 포함)		
• 부속실의 제연설비 작동 시 출입문 개방은 가능한지? (110N 이하)		
• 제연설비의 비상전원의 관리 상태는 적정한지?		
연결송수관 / 연결살수설비		
• 소방차의 접근은 용이한지? (도로폭 4m 이하 여부, 불법 주·정차로 접근 곤란 여부)		
• 송수구 표지 및 송수구역 등을 명시한 계통도는 적정한지? (송수구역 계통도 미부착 또는 부적정 여부, 이물질 및 호스 결합부 손상 여부)		
• 가압송수장치는 이상 없는지?		
• 방수용기구함 내 호스, 노즐 등 보관 상태는 적정한지?(축광식표지 부착여부 포함) (호스(2본) 및 노즐 보관, 함 축광식 표지)		
• 헤드 파손, 탈락 및 살수장애는 없는지?		
피난방화 시설		
• 피난·방화시설(방화문, 방화셔터)의 폐쇄 또는 훼손은 없는지?		
• 피난·방화시설(계단상, 복도상)의 주변에 장애물 적치는 없는지?		
• 피난·방화시설의 용도에 장애를 주거나 소방활동에 지장을 주는 행위는 없는지?		
• 피난·방화시설을 변경한 행위는 없는지?		

점 검 항 목	점검 결과	부적합 사유
방염물품		
• 커텐, 실내장식물 등 방염처리는 하였는지?		
• 가연성 소파, 침대, 매트리스는 방염처리 하였는지?		
화기 취급시설		
• 건축물의 가연성부분 및 가연성물질로부터 1m 이상의 안전거리를 확보하였는지?		
• 가연성가스 또는 증기가 발생하거나 체류할 우려가 없는 장소에 설치하였는지?		
• 연료탱크가 연소기로부터 2m 이상의 수평 거리를 확보하였는지?		
기타사항		
• 포소화설비, 가스계소화설비, 소화용수설비, 비상콘센트설비, 무선통신보조설비, 위험물저장취급시설 등 적정한지?		
• 소방시설 자체점검은 이행하였는지? (작동기능점검, 종합정밀점검)		

5. 보건·위생 분야

| 점검결과 | 적합(○) | 부적합(×) |

점 검 항 목	점검결과	부적합 사유
다중이용시설·공중위생시설 보건관리		
• 다중이용시설의 공기질 측정은 하였는지? (연면적 1천 제곱미터 이상 목욕장, 3천 제곱미터 이상 대규모점포, 모든 영화상영관, 100병상 이상 병원 등)		
• 다중이용시설의 실내공기질 측정교육은 이수하였는지? (1년 이내 신규교육 및 3년 마다 보수교육)		
• 쥐, 위생해충 제거위해 소독 및 소독증명서 비치하였는지? (300세대 이상 공동주택, 20실 이상 숙박업소)		
• 영업신고 및 변경신고 하였는지?		
• 목욕장 욕조수의 수질검사는 하였는지? (연 1회. 단, 수돗물 제외)		
• 객실, 목욕장 음용수는 기준에 적합한지?		
• 공중위생영업자는 매년 위생교육을 이수하였는지?		
공중위생시설 준수사항		
• 숙박시설 환기를 위한 시설이나 창문을 설치하였는지?		
• 목욕시설의 발한실 온도계 비치 및 주의사항 게시, 발열기 주변 방열 및 불연소재 안전망을 설치하였는지?		

점 검 항 목	점검 결과	부적합 사유
• 목욕시설의 탈의실, 목욕실, 발한실, 휴게실은 각각 별도로 구획하고, 발한실과 휴게실은 내부가 잘 보이도록 하였는지? (발한실과 휴게실은 밀실형태로 구획 금지)		
• 숙박 및 목욕시설의 영업신고 및 변경신고는 하였는지?		
집단 급식소 위생관리 실태		
• 지하수 등을 먹는물 또는 식품의 조리 세척 등에 사용하는 경우 먹는물수질검사기관에서 검사를 받아 마시기에 적합하다고 인정된 물을 사용하는지? (연 1회 일부항목 검사, 2년마다 전항목 검사)		
• 용수 저수조는 주기적으로 청소·소독을 실시하는지? (반기별 1회 이상)		
• 집단급식소의 설치·운영자는 식품위생교육을 이수하였는지?		
• 영업자, 종사자 건강진단은 연 1회 실시하였는지? (영업 시작전 또는 영업 종사전)		
• 수돗물이 아닌 지하수 등에 대한 연 1회 수질검사를 하였는지?		
• 영업자는 식품의 구매·운반·보관·판매 등의 과정에 대한 거래내역을 2년 이상 보관하고 있는지?		
• 시설물 환기장치의 유지관리, 내외 청소, 위생 및 소독관리를 하고 있는지?		
• 시설물 종사자와 사용자의 위생, 건강 유해요소를 진열하지 않고 있는지?		

점 검 항 목	점검 결과	부적합 사유
• 작업장(출입문, 창문, 벽, 천장 등)은 누수, 외부의 오염물질이나 해충·설치류 등의 유입을 차단할 수 있도록 밀폐 가능한 구조인지?		
집단급식소 준수사항		
• 자외선 또는 전기살균소독기를 설치하거나 열탕 세척 소독 시설을 설치하였는지?		
• 보존 및 보관기준에 적합한 온도가 유지될 수 있는 냉장·냉동시설을 관리하는지?		
• 식품 등을 위생적으로 보관할 수 있는 창고를 갖추고 있는지?		
• 부패·변질된 원료 및 식품을 사용하지 않고 있는지?		
• 유통기한이 경과된 원료 또는 완제품을 조리할 목적으로 보관·사용 하지 않고 있는지?		
• 원료보관실, 제조가공실, 포장실 등의 내부를 청결하게 관리하고 있는지?		
• 식품 등의 보관운반진열 시에는 보존 및 보관기준(냉장 10℃ 이하, 냉동 -18℃ 이하)에 적합하도록 관리하고 있는지?		
• 냉동·냉장시설 및 가열처리시설에는 온도계 또는 온도 측정 계기를 설치하였는지?		
• 조리·제공한 식품의 매회 1인분 분량을 -18℃ 이하에서 144시간 이상 보관하고 있는지?		

6. 승강기 분야

점검결과 | 적합(○) | 부적합(×)

점 검 항 목	점검결과	부적합 사유
엘리베이터		
• 내부 이용자 안전수칙은 부착하였는지?		
• 검사합격증명서는 부착하였는지?		
• 문 닫힘 안전장치의 작동상태 적정한지?		
• 비상통화장치의 작동 및 통화상태 적정한지?		
• 기계실의 조속기 구동휠 보호커버는 설치(관리)하였는지?		
• 기계실의 권상기 보호커버는 설치(관리)하였는지?		
• 승강장 도착 시 단차는 적정한지?		
• 승강기의 고유번호는 부착하였는지?		
• 기계실의 청결상태 및 누수는 없는지?		
에스컬레이터		
• 승강장 주의표시 부착하였는지?		
• 검사합격증명서는 부착하였는지?		
• 스커트 가드 설치(관리) 상태 적정한지?		
• 에스컬레이터의 디딤판 설치(관리)상태는 적정한지?		
• 콤 설치(관리)상태 적정한지?		

점 검 항 목	점검 결과	부적합 사유
• 핸드레일의 표면손상 등 관리는 적정한지?		
• 삼각부 보호판 설치 및 훼손된 곳은 없는지?		
• 비상정지스위치의 표시 및 작동상태는 적정한지?		
• 승강기 고유번호는 부착하였는지?		
• 승강장주위에 상업 광고물 등이 배치되지 않도록 관리하고 있는지?		
장애인 휠체어 리프트		
• 검사합격증명서 부착하였는지?		
• 안전수칙을 부착하였는지?		
• 비상정지스위치의 설치 및 작동상태는 적정한지?		
• 승강장문 잠금장치의 설치 및 작동상태는 적정한지(수직형 휠체어 리프트)?		
• 비상통화장치 작동상태는 적정한지?		
• 승강기 고유번호는 부착하였는지?		

제 3 절 토목시설물 분야 안전점검 체크리스트

1. 공통 분야

| 점검결과 | 적합(○) | 부적합(×) |

점 검 항 목	점검 결과	부적합 사유
• 시설물 안전 및 유지관리계획은 적정한지? (시설물안전법 대상 시설물 안전 및 유지관리계획 FMS등재 및 등재항목이 적정)		
• 시설물안전법 대상시설의 안전점검 및 정밀안전진단 이행 하고 있는지?		
• 안전점검 및 정밀안전진단 결과에 따른 보수·보강은 이행 하였는지?		
• 안전점검 및 정밀안전진단 실시자의 자격은 적정한지?		
• 시설물에 중대한 결함 발생 시 시설물안전법에 따라 적정한 조치를 실시하였는지?		
• 안전점검 및 정밀안전진단 보고서는 시설물안전법 및 지침에 따라 적정하게 작성하였는지?		
• 현장조사 및 시험은 시설물안전법 및 지침에 따라 실시 기준(항목, 수량, 평가기준 등)을 만족하였는지?		

2. 교량 분야

| 점검결과 | 적합(○) | 부적합(×) |

점 검 항 목	점검결과	부적합 사유
상부구조		
• 슬래브(바닥판)는 균열(누수, 백태) 없는지?		
• 거더는 균열(누수, 백태) 없는지?		
• 균열(누수, 백태)이 발생하였을 경우 적정하게 관리하고 있는지? (손상규모, 발생위치, 진행성, 보수 등)		
• 철근 노출 및 박락(박리), 재료분리 등은 없는지?		
• 강부재의 용접부 손상(균열, 부식)은 없는지?		
• 강부재의 볼트 누락 및 부식이 없고, 체결상태는 양호한지? (여유길이, 풀림, 틈새 등)		
• 강부재의 손상(부식, 휨, 변형, 누락, 도장박리 등)은 없는지?		
• 긴장재(PSC)의 정착단 손상 및 부재 손상은 없는지?		
하부구조		
• 교대 및 교각은 균열(누수, 백태) 없는지?		
• 균열(누수, 백태)이 발생하였을 경우 적정하게 관리되는지? (손상규모, 발생위치, 진행성, 보수 등)		
• 교대 및 교각의 상부는 체수가 없는지?		

점 검 항 목	점검 결과	부적합 사유
• 철근 노출 및 박락(박리), 재료분리 등은 없는지?		
• 기초의 세굴, 침하 및 손상은 없는지?		
부속장치(신축이음, 받침장치)		
• 신축이음 본체 및 후타재의 균열 및 손상(파손, 부식 등)은 없는지?		
• 신축이음의 유간은 적정하여야 하며, 단차가 없는지?		
• 받침장치의 본체 및 주변 받침부에 손상(부식, 파손, 균열 등)은 없는지?		
• 받침장치의 작동상태는 양호(편기, 과다변형 등)한지?		
기타 시설		
• 교면포장은 균열 및 손상(변형, 포트홀, 마모, 체수, 식생 등)은 없는지?		
• 배수시설(배수구, 배수관 등)은 막힘 및 손상(파손, 변형 등) 없는지?		
부대시설		
• 옹벽, 석축은 균열 및 손상(파손, 이완 침하 등)이 없는지?		
• 비탈면(경사지, 절개지 등)은 배수가 양호하고 손상이 없는지?		
• 방호벽, 가드레일, 방음벽 등은 손상이 없는지?		
• 교량의 시·종점측 접속부는 균열 및 손상(변형, 침하 등)이 없는지?		

3. 터널 분야

| 점검결과 | 적합(○) | 부적합(×) |

점 검 항 목	점검결과	부적합 사유
터널 입·출구부 사면보강 옹벽		
• 균열 및 콘크리트 파손부는 발생하지 않았는지?		
• 주변지반의 솟아오름 및 침하, 세굴 발생은 없는지?		
• 시공이음부는 평면 어긋남은 발생하지 않았는지?		
• 배수공의 막힘은 없는지?		
• 배수 시 흙, 모래의 유출은 없는지?		
터널내부		
• 콘크리트의 균열 등 손상은 없는지?		
• 터널 내 소화기, 비상전화기 비치 및 작동은 되는지?		
• 터널 내 환기시설의 작동은 원활한지?		
터널 입·출구부 경사면		
• 균열 발생은 없는지?		
• 침하 또는 솟아오름 발생은 없는지?		
• 지하수 유출 발생은 없는지?		
• 수목 전도는 없는지?		
• 낙석 발생은 없는지?		

점 검 항 목	점검 결과	부적합 사유
사면 보호공 또는 보강공		
• 단차 발생은 없는지?		
• 보호공 또는 보강공의 파손 발생은 없는지?		
• 배수공 막힘은 없는지?		
• 모르타르의 표면에 습윤은 없는지?		

4. 댐 분야

| 점검결과 | 적합(○) | 부적합(×) |

점 검 항 목	점검결과	부적합사유
댐체(공통)		
• 난간·가이드 포스트 선형변형 없는지?		
• 구조물과 지반 접합부는 단차 발생이 없는지?		
• 침하 및 변형 발생은 없는지?		
• 누수량 및 탁도 발생은 없는지?		
• 하류사면 누수 및 파이핑 발생은 없는지?		
• 매설계기 작동상태 및 계측은 확인하고 있는지?		
• 방류시설(여수로, 방수로 등)말단부의 유속저감 장치가 설치되었는지?		
필댐		
• 상·하류사면의 국부 변형 발생은 없는지?		
• 상·하류사면의 교목 식생은 없는지?		
• 여수로의 콘크리트 깎임 손상은 없는지?		
• 여수로에 설치된 수문작동은 이상이 없는지?		
콘크리트댐		
• 댐체의 내부 누수가 없는지?		
• 하류사면 이음부의 누수가 없는지?		
• 월류부 콘크리트의 깎임 손상이 없는지?		

점 검 항 목	점검 결과	부적합 사유
• 여수로 또는 댐체에 설치된 수문작동은 이상이 없는지?		
댐체 주변		
• 댐체 하류지역은 용출수 없는지?		
• 여수로와 하천제방의 접합부는 침식이 없는지?		
• 부유잡물에 의한 여수로 기능장애는 없는지?		
• 양안부 절토사면의 산사태 징후는 없는지?		
기계·전기설비		
• 수문 주요부재는 균열·변형이 없는지?		
• 권양기대는 균열·변형이 없는지?		
• 감속기는 우수 유입이 없는지?		
• 전기설비는 우수 유입이 없는지?		
• 전기설비 절연상태는 이상 없는지?		
• 제어판 기능은 이상 없는지?		
• 전동기 설비는 이상 없는지?		
• 낙뢰 피해 시설물은 없는지?		

5. 상수도 분야

| 점검결과 | 적합(○) | 부적합(×) |

점 검 항 목	점검결과	부적합 사유
취수시설		
• 취수문은 정상작동 하는지?		
• 유하물에 의한 취수저해는 없는지?		
• 관로 및 주변 퇴사, 세굴, 관노출 발생은 없는지?		
취수장, 가압장		
• 구조물 손상 및 토사퇴적은 없는지?		
• 각종 밸브 및 배관 손상, 변형발생은 없는지?		
• 양수(취수)펌프는 고장이 없는지?		
• 주변 사면 및 옹벽은 이상 없는지?		
관로시설		
• 관 보호공 변형 및 누수발생은 없는지?		
• 밸브실 손상발생은 없는지?		
• 방식설비는 이상 없는지?		
• 수로터널 입·출구 사면은 이상 없는지?		
정수시설		
• 착수정 구조물의 변형 발생은 없는지?		
• 응집침전지는 정상작동 하는지?		

점 검 항 목	점검 결과	부적합 사유
• 여과지는 정상작동 하는지?		
• 정수지는 정상작동 하는지?		
• 송수펌프실은 정상작동 하는지?		
• 약품저장탱크는 정상작동 하는지?		
• 배출수 처리시설은 정상작동 하는지?		
• 장내 배수 및 주변 사면 등은 이상 없는지?		
배수지		
• 구조물 손상 및 토사퇴적은 없는지?		
• 각종 밸브실은 손상발생이 없는지?		
• 배수지 주변 사면 등은 이상 없는지?		
• 구조물 균열로 인한 누수가 없는지?		

6. 수문 분야

| 점검결과 | 적합(○) | 부적합(×) |

점 검 항 목	점검결과	부적합 사유
토목구조물		
• 수문(플랩게이트, 권양대수문 등 하천내 위치한 수문) 작동이 원활한지?		
• 구조물변형 발생은 없는지?		
• 콘크리트 손상 발생은 없는지?		
• 암거 침하발생은 없는지?		
• 암거이음부는 단차, 이격 발생이 없는지?		
• 암거내 누수발생은 없는지?		
• 암거내 토사퇴적, 지장물 발생은 없는지?		
• 암거 바닥 세굴은 없는지?		
• 물받이는 세굴이 없는지?		
• 수문주변 제방 둑마루는 변형 발생이 없는지?		
• 수문주변 제방은 단면손상 발생이 없는지?		
• 수문주변 제방은 잔디 손상 발생이 없는지?		
• 수문주변 제방은 호안공 손상 발생이 없는지?		
기계·전기설비		
• 문짝은 변형 발생이 없는지?		
• 문짝의 지수고무는 훼손이 없는지?		

점 검 항 목	점검결과	부적합 사유
• 문짝 고정용 고리는 정상체결 하였는지?		
• 문틀부에 이물질 퇴적은 없는지?		
• 감속기에 우수 유입은 없는지?		
• 감속기 작동중 이상음 발생은 없는지?		
• 전기설비는 우수 유입이 없는지?		
• 전기설비 절연상태는 이상 없는지?		
• 관련 제어반 기능제어상태는 이상 없는지?		
• 낙뢰로 인한 시설물 피해는 없는지?		

7. 제방 분야

| 점검결과 | 적합(○) | 부적합(×) |

점 검 항 목	점검결과	부적합 사유
• 제방은 홍수 시 월류에 안전한지? (뚝마루 변형, 제방침하가 없고 하천정비사업의 시행 여부)		
• 제방 횡단 구조물은 안전한지? (보에 위치한 수문, 라바보 등 작동, 이탈 및 주변 제체 변형 발생 여부, 제체 접속부 공동 및 누수 여부, 균열부위로 배면토사 유출 및 누수 여부)		
• 공작물 설치는 안전한지? (하천측 고정공작물(화장실 등) 설치위치 및 구조적 안정성, 제방계단 설치는 적정 여부)		
• 제체는 안전한지? (국부 침하 발생 여부, 하천외측 사면의 누수 또는 파이핑 흔적 여부, 제체 침식 및 사면 국부 슬라이딩 여부)		
• 호안공의 파손, 유실, 변형(배부름) 없는지?		
- 배면 토사 유출로 공동 발생은 없는지?		
• 호안공 기초구조물의 노출 및 손상은 없는지?		
• 호안공 기타구조물의 노출 및 손상 은 없는지?		
• 하상 하상부는 세굴 및 퇴적은 없는지?		
• 하상 하상부는 보호 사석의 유실, 손상은 없는지?		
• 하천외측 기초지반의 누수흔적 조사하였는지?		
• 하안 및 고수부지는 깎임이 없는지?		
• 하천외측 기초 지반의 표토 유실로 투수층 노출은 없는지?		

8. 사면(급경사지) 분야

점검결과 | 적합(○) | 부적합(×)

점 검 항 목	점검결과	부적합 사유
경사면		
• 균열 발생은 없는지?		
• 침하 발생은 없는지?		
• 융기(배부름) 발생은 없는지?		
• 수목 전도는 없는지?		
• 낙석 발생은 없는지?		
• 뜬 돌 존재는 없는지?		
• 하단부 침식 발생은 없는지?		
• 지하수 유출 및 탁수의 용출은 없는지?		
• 사면 붕괴 이력 및 규모, 위치는 관리하고 있는지?		
상·하부 사면 및 도로면		
• 균열 발생은 없는지?		
• 침하 발생은 없는지?		
• 융기(배부름) 발생은 없는지?		
• 낙석 발생은 없는지?		
• 사면 종·횡단배수로가 설치되어 있는지?		
• 사면 종·횡단배수로가 막힘이 없는지?		

점 검 항 목	점검 결과	부적합 사유
보호공 또는 보강공 등 구조물		
• 평면상 높낮이 차(단차) 발생은 없는지?		
• 모르타르의 표면 습윤은 없는지?		
• 배수공 막힘 등 배수기능 저하는 없는지?		
• 보호·보강 구조물 파손발생은 없는지?		
• 소규모 낙석, 붕괴에 의한 보호·보강 효과가 저하되는지?		

9. 옹벽 분야

| 점검결과 | 적합(○) | 부적합(×) |

점 검 항 목	점검결과	부적합 사유
옹벽 전면		
• 균열은 발생하지 않았는지?		
• 이음부는 이격이 없는지?		
• 전면부 배부름(돌출)은 없는지?		
• 주변부에서 탁한 용수유출은 없는지?		
• 낙석은 없는지?		
• 단차, 전도 발생은 없는지?		
• 배수구 막힘은 없는지?		
옹벽 배면		
• 지반의 균열 및 침하 발생은 없는지?		
• 배수로의 기능저하는 없는지?		
• 옹벽 인접에 교목 식생(2m 이내)은 없는지?		
• 콘크리트 파손은 없는지?		
옹벽 기초부		
• 지반융기가 없는지?		
• 옹벽 침하가 없는지?		
• 주변부에서 탁한 용수유출이 없는지?		
• 세굴의 발생은 없는지?		
• 기초부의 지반활동으로 인한 기울어짐은 없는지?		

10. 축대 분야

| 점검결과 | 적합(○) | 부적합(×) |

점 검 항 목	점검결과	부적합 사유
축대 전면		
• 동결·해빙 등으로 인한 균열이 발생하지 않았는지?		
• 이음부는 이격이 없는지?		
• 전면부 배부름(돌출)은 없는지?		
• 주변부에서 탁한 용수유출은 없는지?		
• 낙석이 없는지?		
• 단차, 전도 발생은 없는지?		
축대 배면		
• 지반의 균열 및 침하 발생은 없는지?		
• 배수로의 기능저하가 없는지?		
• 축대 인접의 교목 식생(2m 이내)이 없는지?		
• 찰쌓기의 콘크리트 파손이 없는지?		
축대 기초부		
• 지반융기가 없는지?		
• 축대 침하가 없는지?		
• 주변부에서 탁한 용수유출은 없는지?		
• 세굴의 발생은 없는지?		

제 4 장 분야별 안전점검 체크리스트 | 159

제 5 장
시설물별 주요 지적사항

제 5 장 시설물별 주요 지적사항

제 1 절 건축시설물 분야

1. 건설공사장(대형공사장)

1) 개요

- **안전점검 대상** : 「건설기술진흥법」 제24조에 따른 공사장으로서 재난이 발생한 경우의 해당 건설공사, 중대한 결함이 발생한 경우의 해당 건설공사, 인·허가기관의 장이 부실에 대하여 구체적인 민원이 제기되거나 안전사고 예방 등을 위하여 점검이 필요하다고 인정하여 점검을 요청하는 건설공사, 그 밖에 건설공사의 부실에 대하여 구체적인 민원이 제기되거나 안전사고 예방, 부실공사 방지 및 품질 확보 등을 위하여 국토교통부장관, 특별자치시장, 특별자치도지사, 시장·군수·구청장(자치구의 구청장을 말한다. 이하 같다) 또는 발주청이 점검이 필요하다고 인정하는 건설공사

- **안전점검 시기 및 실시자** : 「건설기술진흥법」 및 기타 개별법에서 정한 규정에 따라 실시

2) 주요 지적사항

(1) 시설 분야

- 토류벽 사면 붕괴
- 건축물 사면에 설치한 수직배수로 밑 집수정 미설치
- 공사장 성토부위 방진덮개 미덮음
  (1일 이상 야적하는 경우 방진덮개 덮음)
- 신축 건축물과 담장사이 뒤채움 다짐 불량
  (뒤채움 구간 다짐(20cm 성토 후 다짐) 상태 확인)
- 되메우기 구간 앵커 미제거 및 안전울타리 미설치
- 지하주차장 상부 철근조립 중 보 철근에 국부적 부식
- 배관부 하부 누수 및 상부 슬래브 하면 누수균열 발생
- 지하 외부 벽체 누수 및 철골 연결부 부식
- 지하주차장 누수 및 지상층 배수처리 미흡
- 콘크리트 타설 전 철근 변형 발생 및 바닥철근과 거푸집 간 피복두께 미확보
- 철근 배근 간격 미흡 및 벽 이음재 연결 전용철물 미사용
- 지하역타(C.W.S.)시공 시 DECK 고정 강봉 용접부 파단 위험
- 철근 및 시멘트 등 야적자재 유해인자 차단 관리 미흡

- 시설물 정기안전점검 시기 부적합

  (1차 안전점검은 기초공사 시공 시 실시)

- 안전관리계획서 상 정기안전점검 6회 산정하여 안전관리비를 산정하였으나, 정기안전점검 4회 실시

- 건설업 유해·위험방지계획서를 갖추어 두지 않음

- 유해·위험방지계획서 자체 확인 15일 전 공단에 일정 미통보 및 자체 확인주기 6개월 이내 미준수

- 철근 피복두께 미확보

- 안전관리계획서 작성 및 이행실태 미흡

  (공사 착공전 안전관리계획서 승인절차 및 정기안전점검 이행, 공정기간 변경 등에 따른 계획 변동 시 안전관리계획서 현행화 및 제반절차 준수)

- 기둥부재 띠철근 135도 Hook 미시공

- 철골띠장과 CIP 사이의 뒤채움재의 시공 보완

- 현장타설말뚝(CIP) 파손 및 브레이싱 볼트체결 미흡

- 1층에서 2층으로 올라가는 계단 안전난간대 미설치

- Deck 슬래브 상부철근 정착길이 미확보

- 「건설기술진흥법」에 따라 건설업자가 수립한 품질관리(시험)계획을 발주자는 적정성 여부를 검토하여 승인하여야 하나 검토 및 승인 미실시

(전문공사 2억원 이상, 토목공사 5억원 이상, 연면적 660㎡ 이상 건축물)

■ 대상 개발사업에 대한 재해영향평가 등의 협의내용에 반영된 개발 중 저감시설(임시침사지) 미설치

■ 콘크리트 타설 후 철근에 잔여콘크리트 미제거

■ 감리자 승인없이 옹벽 구조물 한중콘크리트 타설, 사용된 한중콘크리트는 납품서(AE감수제)와 다른 혼화재(고로슬래그)를 사용

■ 기초 파일 설치 구간 내 파일 두부정리 작업으로 인해 소규모 개구부가 발생하여(D500mm 이하) 근로자 넘어짐 위험

■ 안전관리계획서 상 높이 5m마다 폭 2m 소단을 설치하도록 하였으나, 사면 굴착구배 준수 미흡

■ 콘크리트(슬럼프, 압축강도 등)시험을 감리승인 없이 실시

(2) 전기 분야

■ 배수펌프용 전원콘센트 노출 사용

(전원콘센트는 난연성 절연함 내 설치)

■ 임시바닥전선 바닥 무단 방치

(전선 가공 실시 확인, 1.8m 이상)

- 조명용 전기케이블 사용 시 절연 미처리
- 한전 가공인입선 시공 부적정

  (가공 인입선 결합애자 사용)
- 천장은폐전선 노출 시공

  (옥외 노출 가능 배선(케이블) 외에는 전선관 내 시공)
- 지중전선관 막음조치 미시공
- 현장 임시분전반 잠금장치 미설치
- 전기실 및 EPS실 방화구획 미확보

  (방화구획 불연성 재료로 충전)
- 특고압 수전반 잠금장치 고장
- 건물 외각 가설분전함 미고정 및 분전함 앞 적치물 방치
- 가설분전함 저압케이블 거치대 미설치
- 각층 가설분전함 전등회로 및 건물 외각 가설분전함 분기회로, 세륜기, 몰탈교반기의 누전차단기 미설치
- 타워크레인의 승압변압기 및 누전차단기, 가설분전함 내 콘센트 및 목재절단기의 미접지
- 수전실내 케이블트레이 트렌치(개수로) 덮개 미시공
- 전기안전관리자 직무고시 미실시
- 인입전주 가공지선 수목과 접촉으로 사고 위험

- 가설분전함 외함 접지극 설치 부적정

  (접지극 매설은 지표면으로부터 지하 0.75m 이상의 깊이로 설치)

- 공사현장 내 「전기공사업법」 제24조에 따른 전기공사 내용게시를 위한 현황판 미설치

- 「전기안전관리법」 제8조에 따른 시·도지사에게 전기 공사계획 미신고

  (공사계획서, 공사공정표, 접지계산서, 기술시방서 등)

- 주배전반, 현장가설분전반 등 접지저항 기준값 초과

  (제3종접지 : 100Ω 이하)

(3) 가스 분야

- 정압기 1차, 2차측 매설배관 상부 모래 부설량 부족
- 가스 보호판 및 보호포 설치 미흡
- 가스누출자동차단장치 작동 불가
- LPG 용기를 지하 용기보관실에 보관
- 산소용기를 LPG 용기 및 페인트와 혼합하여 보관

  (산소용기와 LPG 용기 및 페인트를 격리하여 보관)

- 고압호스 열화 및 마찰에 의한 손상 발생
- 저장탱크 주변 수풀(가연물)에 의한 부식 및 위해사

항(화재) 전이 위험

■ 호스의 사용압력 초과 사용

(호스 상용압력 : 196KPa 이하, LPG용기 최고 충전 압 : 1.5KPa)

■ 특정고압가스(산소) 사용신고 미실시 및 고압산소용기 조정기 저압측 압력계 파손

(4) 소방 분야

■ 소화기 각 층마다 2개 이상 미비치

■ 간이소화장치의 소방호스가 3개 층마다 비치되어 있고 비상경보설비가 누락, 소방호스가 끈에 묶여 적재

■ 간이소화전함 주변을 눈에 띄게 색 미표시 및 확성기를 간이소화장치 등 부근에 앵커 혹은 걸 수 있는 장치로 미고정

■ 비상경보장치를 고정식 발신기를 25m 간격으로 설치

(관계법령에는 작업지점에서 5m 이내에 설치)

■ 지하 화재 비상대비 피난로 식별 곤란

■ 지하층 간이피난유도선 설치를 계단에서 출입구까지 이어지는 수직방향 미설치

■ 지하 5층 기계실 내 유도등 및 간이피난유도선 미설치

- 간이피난유도선 바닥으로부터 1m 초과 높이로 설치
- 위험물 저장소 내 보관통(말통)에 표지 및 게시판 미부착
- 지정수량 이상 고형알코올 보관

  (제2류 위험물 가연성고체 지정수량 1,000kg 미만으로 보관)
- 지정수량 이상 등유 1,000L이상 반입

  (제4류 인화성액체 지정수량 1,000L미만으로 관리)
- 위험물 저장소 내 휘발유와 등유 혼재 보관

  (위험물 저장소 내 1석유류와 2석유류 별도 구분 관리)
- 소화기에 케이블타이 설치로 유사 시 사용불가
- 소화기 압력 미달
- 소화전 주펌프, 예비펌프, 충압펌프 템퍼스위치 수신반 단선
- 대형소화기 분산 배치

  (대형소화기는 용접·용단 등 화기 작업 시 작업지점으로부터 5m 이내에 6개 이상을 배치)

(5) 산업안전 분야

- 지하주차장 안전교육장(쉼터)과 가스저장소가 이격거리 10m 이내로 설치
- 낙하물방지망 찢어지거나 이음부위 기준 미달 및 진출입구 상부에 통행 근로자 낙하물 방호선반(추락방지망) 미설치
- 안전난간대 분진망 훼손
- 승강기 개구부 안전난간 미설치 및 작업발판 설치 불량
- 차량탑재형 고소작업대 단부 안전난간 미설치
- 1층 토사 반출부 작업자 추락방지를 위한 안전난간 미설치 및 2층 단부 슬래브 추락단부 안전난간 미설치
- RCS 발판 틈새 자재 추락 위험
- 외부시스템비계의 일부부재 누락, 불량부재 방치, 연결핀 미설치, 바닥깔판 미고정, 난간 미설치

  (시스템비계의 안전성이 확인된 제조사의 설치기준 확인)
- 주차장 램프 비계 받침 수평 미유지 및 출입구 경사면 비계 파이프서포트 쐐기 설치 미흡
- 틀비계 작업 시 고정장치 미설치
- 개구부 안전난간 미설치 및 작업구간 작업자 통로 미확보
- 지하층 마감작업용 말비계 손상

- 이동식사다리 아웃트리거 미설치
- 레미콘 차량 정차 시 사용하는 받침목의 전용침목 미사용
- 고소작업대의 과상승 방지장치 미설치
- 지게차 취급 작업 시 무단이탈로 안전사고 우려
- 근로자 안전보건교육 연간계획안 미작성
- 임시계단이 고정되지 않아 작업자의 안전 우려
- 통행·작업에 지장을 초래하는 건설자재 방치 및 추락방지망 위 비계발판, 파이프 등 방치

  (거푸집 및 배관자재 관리와 태풍대비 비산, 추락, 낙하, 전도 등 대비 관리)
- 파이프서포트(V5) 안전인증 미제품 사용
- 자재반출입구 거푸집동바리(높이 약 9.5m) 구조 미검토 및 조립도 미작성
- 안전관리계획 수립대상 공종(시스템 비계 및 리프트 등)에 대하여 구조검토한 사항 인허가기관 승인 완료 전 착수
- 외부 비계(브라켓 지지형식, H-Beam 지지형식) 구조안전성 검토 미실시 및 조립도대로 미설치
- 1층 게시판 안전보건관리규정, 작업환경측정보고서 미게시
- 건물 1층 중심부 휴게 공간에 물, 식염 미비치
- 타워크레인, 갱폼 등 형식 변경사항에 대하여 안전관리

계획서 미변경

- 정기안전보건교육 미실시 및 채용 시 교육, 특별안전보건교육 미실시
- 외부시스템 비계 벽이음재 누락으로 인한 붕괴 위험
- 강당 상부 토론자 마감작업 시 안전대 부착설비 미설치
- 동바리에 경사 브레싱 미설치
- 버팀보 3단 1개소 안전대 부착설비 미설치
- 데코플레이트 설치구간 이동통로 미확보
- 가설울타리 야간 식별 관리 미비

  (경광등, 윙카호스 등)

- 지상 2층 거푸집동바리 설치·해체 작업장소의 조도 확보 미흡

  (75Lux 이상의 조도 확보)

- 높이 1미터 이상인 계단의 개방된 측면에는 안전난간을 설치하여야 하나, 옥외계단에 안전난간 미설치
- 흄관이 4단으로 적재되어 충격 시 흄관 구름으로 인한 사고 위험
- 공사장 주출입구 방호선반 미설치
- 위험성평가 미실시

(6) 리프트 및 타워크레인 분야

■ 건설용 리프트 비상정지 스위치 보호덮개 미설치로 오조작 우려, T-bar 작동불량, 비상탈출용 사다리 미비치 및 하한 리미트장치(거리제한 장치) 이완

■ 타워크레인 운전실 내 조작레버 열감지센서 레버 전기회로 기능상실, 지하 PIT 변압기 방수조치 미흡, 방호울 출입문 잠금장치 부적절(관계자외 출입제한)

■ 타워크레인 운전자와 지장작업자 간의 연락체계 미흡 및 타워크레인 지상층 잠금장치 미설치

(운전자명, 무전기 채널표시로 업무연락 착오 및 혼동 예방, 타워크레인 1층 잠금장치 설치)

■ 타워크레인 변경 계약사항 발주자 미통보

(7) 보건·위생 분야

■ 직원식당 냉장고 온도계 고장

■ 직원식당 자외선소독기 램프 고장

■ 조리기구 용도별 구분 미흡

■ 직원식당 조리실에 방충·방서관리 미흡

(외부로 개방된 흡·배기구, 후드, 출입구 등에 여과망이나 방충망 등 설치)

■ 지하 1층 교육장, 협력업체 사무실 환기시설 미흡

- 현장 내 다량의 시멘트 분진 비산이 발생하여 작업자 안전 위험(작업자 방진 마스크 착용)
- 방수재료 야적공간 위험물 물질안전보건자료 미비치 (화학물질의 물질안전보건자료(MSDS) 비치)
- 고압살수기 축전지 외함 충전부 보호커버 미설치
- 저수조(식용유) 맨홀 지름 설치기준 미흡 (90센티미터 이상 설치)

2. 고속도로 휴게소

1) 개요

- **안전점검 대상** : 「시설물안전법」 제8조에 따른 관광휴게시설 연면적 300제곱미터 이상인 고속도로 휴게소
- **안전점검 시기** : 「시설물안전법」 제11조에 따라 A·B·C 등급은 반기에 1회 이상, D·E등급은 1년에 3회 이상 실시
- **안전점검 실시자** : 「시설물안전법」 제11조에 따라 관리주체는 소관 시설물의 안전과 기능을 유지하기 위하여 정기적으로 안전점검 실시
- **기타사항** : 개별법의 근거는 없으며, 한국도로공사 휴게시설 업무기준에서 시설물 유지관리는 운영자가 반기 1회 점검 실시

2) 주요 지적사항

(1) 시설 분야

- 기숙사동 2층 상부 슬래브 누수(백화현상) 균열 발생
- 판매소 계단 발판의 미끄럼방지시설 미설치
- 옥상 배수불량 및 난간높이 부족(1.0m)

  (난간높이 1.2m 이상)

- 옥상 배수구 거름망(루프드레인) 미설치
- 출입구 비가림시설 적설 시 눈뭉치 및 고드름 등 낙하 우려
- 사무실 건물 내부 계단 파손(노후화)
- 전기실, 비상용발전기실 천장 마감재 파손(누수관련)
- 사무실(구내식당) 천장 석면텍스 시공

  (석면조사 결과 1개월 이내 시군구 신고, 연 2회 이상 안전성 여부 점검, 석면안전관리인 지정)
- 휴게소 상부 트러스 구조 강부재 부식
- 건물 외부 마감재 파손 및 지장물(소나무) 등 간섭

  (소나무 가지 제거 및 접근시설 사다리 통로 설치)
- 에어컨 실외기 바람막이 미설치
- 1층 소매점 휴게음식점 건축물대장 미등재

(2) 전기 분야

- 변압기 2차 단자 단상부하 인출 부적정
- 비상용발전기 엔진오일, 냉각수 등 소모품 노후 및 연료 부족
- 비상용발전기실 축전지 노후 및 보호커버 미설치

  (축전지는 3년마다 교체 권장)
- 옥내 노출 콘센트의 미접지

- 흡연구역 커피자판기 급수관 누수로 전선 착빙 발생
- 옥외 콘센트 및 전선 접속부 노출

  (전선의 접속은 절연방수함 내 설치)
- 전기실 케이블 관통부 방화구획 미확보

  (방화구획 불연성 재료로 충전)
- 화장실 내 콘센트회로 인체감전보호용 누전차단기 미사용

  (고감도형(15mA) 누전차단기 설치)
- 에어컨, 식기세척기의 누전차단기 미사용
- 옥외 컨테이너 매점 가공인입선 보호 미흡

  (가공인입선 보호용 전선관 또는 조가용선 사용)
- 조리실 및 옥외 매점의 커버용 콘센트 미사용

  (물기가 접하는 곳은 방적용(커버용) 사용)
- 발열 체크기 비규격 멀티탭 사용
- 전기실 배전반용 누전경보기 미사용
- 전기실 변압기 냉각팬 제어용 온도계 표시 불량
- 전기실 내 누전경보기(ELD) 고장
- 가로등 접속구 바닥에 설치 및 접지선은 터미널 미설치

  (가로등 접속구는 상부에 설치 및 터미널 접속)

- 조명탑의 접지를 피뢰침의 접지와 공결접지
- 옥외 가로등 등주 미접지 및 가로등 분전함 누전차단기 미설치
- 옥외 스위치 노출 설치(옥외 스위치는 절연방수함 내 설치)

  (개별접지로 분리 시공)

(3) 가스 분야

- 가스누출자동차단장치 차단부 이탈 및 제어부 오연결

  (가스누출 시 정확한 차단이 이루어지도록 차단부 체결 및 열림/닫힘 신호 확인)
- 가스누출자동차단장치 검지부 미작동 및 보호커버 설치 부적절(식당)

  (보호커버 하부는 개방하여 가스누출 시 검지가 원활하도록 조치)
- 온수보일러 배기통과 가연성 벽체 단열조치 미실시
- 온수보일러 배기통 설치 부적절

  (실내 설치된 보일러의 배기통은 보일러 제조사와 호환되는 배기통으로 모든 배기통 연결은 동일 제조사의 실내인증 배기통으로 마감조치)
- 과압안전장치 미설치

(탱크 출구부의 밸브와 밸브 사이는 액화가스가 차단되어 액팽창으로 파열이 우려되는 만큼 과압안전장치 추가 설치 또는 밸브를 상시 열림 상태가 유지되도록 잠금 조치)

- GHP 연결 배관 차량 충돌 우려

  (차량 충돌 우려가 있는 곳은 방호조치)

- 탱크 안전밸브 방출관과 나뭇가지가 근접

  (가스 방출 시 주위 영향을 받지 않도록 관리)

- 배관 안전밸브 작동시험 확인 불가(LPG충전소)

  (압축기 토출측 안전밸브는 1회/1년, 기타 배관의 안전밸브는 1회/2년마다 작동확인 실시)

- 위해발생대비 훈련 실시기록 확인 불가(LPG충전소)

  (위해발생대비 훈련은 1회/6개월마다 실시하고 그 기록은 3년간 보존)

- LPG충전소 탱크로리에서 매몰탱크로 가스이입작업 시 차량 고정 미조치 및 차량운전자와 안전관리자 미상주

- LPG충전소 안전관리규정 준수 일부 미흡

  (표준모델을 반영하여 안전관리규정 개정, 안전관리조직도 작성, 위해발생대비 훈련은 1회/6개월마다 실시하고 그 기록은 3년간 보존)

- 가스사고배상책임보험 미가입

(4) 소방 분야

■ 사무실 방화문 개방과 고정 상태로 방치 및 전기실 방화문 자동개폐장치 탈락

  (방화문은 항상 닫힘 상태 유지)

■ 방화문 열퓨즈 타입은 자동화재탐지설비 연동형으로 교체 또는 열퓨즈 제거 조치

■ 계단실 감지기 미설치 및 적응성 불량

  (계단실 상부에 연기감지기 설치)

■ 피난구 유도등 미설치 및 전원방식 교체(3선식→2선식)

■ 기숙사동 휴대용비상조명등 배터리 미작동

■ 옥내소화전 호스 미체결 및 추가 체결(기존 1본→2본), 결속 묶음

■ 수신기 도통시험 저수위감시회로 단선

■ 옥내소화전 사용방법을 외국어 병기 사용법으로 미교체

■ 기계실 MCC 옥내소화전 주펌프 스위치 램프 불량 및 스위치(수동) 위치 부적정

■ 소화기의 위치 표시와 스티커 미부착 및 복도 끝 소화기 미비치

■ 피난안내도에 피난방향 미표시

■ 주유소 수신기 및 계단 유도등 예비전원 불량

- 주유소 숙직실 내 단독경보형감지기 미설치
- 간이스프링클러 개폐밸브 폐쇄

  (개폐밸브 개방조치)
- 펌프 명판 법정용어 사용

  (소화전 보조펌프 → 소화전 예비펌프)
- 주유소 주입구 비트 관리 불량

  (비트내 모래 및 흡착포 제거 조치)
- 휴게소 위험물 저장탱크 통기관 인화방지망 훼손
- 교육훈련 실시 결과 기록부 부실

  (자위소방대 교육훈련 실시 결과 기록부 작성, 소방훈련 및 교육실시 결과 기록부 작성)
- 소방계획서 미정비

  (실제 소방시설과 소방계획서 상의 소방시설 표기 일치)

(5) 산업 안전

- 호두과자 기계의 측면 벨트 말림 위험 및 개구부 마감 미흡, 안전선 영역표시, 고온주의, 구동부 접근방지, 반죽공급 시 발판 부재, 반죽냉장고 보관장소 내부 적정 조도 관리 미흡
- 알밤매장 입구쪽 설치류 등 출입이 우려되나 방지시설

미설치

- 식기세척기 컨베이어 배전반 조작기능 미표시
- 한식당 롤러콘베이어 조작 스위치 기능 미표시
- 세미기 조절레버 위치 미표시 및 우동면 해면기 등 열림 닫힘 표시 라벨 미부착
- 회전솥 위치 조정 레버 기능 표시 라벨 미부착
- 퇴식구 컨베이어 벽과의 이격거리(틈새)사이 이물질 낙하
- 컨베이어 이물질 받침대 미설치(연장부족)
- 컨베이어 회전 구동 체인모터부 말림방지 고정식 커버 부존재로 작업자 위험 우려
- 컨베이어 롤로기 제어장치 내 부산물 유입으로 위생불량 및 롤로기 잠금장치 부재

(6) 보건·위생

- 조리기구 및 조리사용 안전화의 용도별 구분 미보관 및 미착용
- 한식당 업무용 대형연소기의 덕트용량 부족으로 배기 미원활 및 상부 천장 마감재 낙하 위험
- 냉장고 음식물 보관 매시홀(철망) 마감처리 및 낙하 방지용 고정장치 미설치

- 한식당 전처리실 칼도마 소독기와 고무장갑은 작업자 이동에 간섭 받지 않도록 위치 미변경
- 한식당 냉장고 온도표시장치 위치고정 미설치
- 화학물질별 해당 물질안전보건자료 미부착

  (물질안전보건자료(MSDS) 참조하여 해당표지 부착)
- 도마 소독조 크기 용량 부족

  (도마가 잠길 수 있도록 소독조 설치)
- 폐기물별 용기의 용도표시 미부착
- 발판 소독기 미고정으로 이탈
- 반입물품, 자재 검수대의 조도 미확보
- 배기구 여과망의 정기적 청소 미실시
- 한식당 위생전실 출입구 탈의실 방충망 틈새 발생
- 자외선 소독기 정기점검, 교체주기표 미부착 관리
- 세척실 세척용 앞치마 보관장소 부존재

  (보관장소 마련 후 관리 조치)
- 오븐용 보호장갑 안전 인증품 미사용

3. 공공업무시설(공공청사)

1) 개요

- **안전점검 대상** : 「건축법시행령」 제3조의5에 따른 별표1, 제14호가목의 공공업무시설

- **안전점검 시기 및 실시자** : 「건축물관리법」·「시설물안전법」에 따라 정기안전점검, 정밀안전점검, 정밀안전진단 실시

2) 주요 지적사항

(1) 사업장 안전 분야

- 옥외계단 하부 및 에스컬레이터 계단부 하부 충돌방지 안전조치 미흡

- 옥상 안전난간 설치 부적정

- DECK 판개 및 설치 시 작업자 추락방지 등 안전상 필요한 조치 미실시

- 옥내 계단실의 난간높이(1.2m 이상) 및 난간살 (10cm 이하, 영유아·어린이가 짚고 올라갈 수 없는 구조) 관리 미흡

- 옥상 및 야외 정원 난간 간살간격 관리 미흡(10cm이내)

- 옥상 배기팬 등 안전울타리 미설치
- 옥내 계단 시인성 표시 미흡 및 피난계단·특별피난계단의 논슬립패드는 눈에 잘 띄도록 밝은 색상이나 형광색으로 미조치
- 테니스장 내 조명탑에 스텝볼트만 설치되어 있어 승탑 시 안전사고 발생이 우려되나, 사다리식 통로 및 등받이울 미설치
- 옥상 송신탑 사다리식 통로 등받이울 미설치
- 등받이울 설치 시점 기준 미준수(바닥에서 3.3m→2.5m) 및 수직부재 간격 부적정(50cm 이상→30cm 이내)
- 저수조의 근로자 이동통로 작업발판과 상부 안전난간 추락위험 및 잠금장치 미설치
- 소방펌프실 상부 사다리식 통로만 설치되고 상부 안전난간 미설치로 추락위험
- 옥상 냉각탑 안전난간, 사다리식 통로, 잠금장치 미설치
- 공조기 내부 전동기(모터) 회전축 말림 위험에 대한 방호덮개 미설치
- 컨베이어 벨트 말림 사고 방지를 위한 방호덮개 미설치

(2) 시설 분야

- 옥외계단 바닥마감재 백화현상 관리 방안 미마련
- 현장 전체적으로 누수 및 균열 관리대장과 실제 현황 불일치
- 에어컨 실외기 바람막이 미설치 및 현장사무소 주변 보도블록 침하
- 시스템 동바리 파이트 서포트 받침목 편중 설치 및 일부 높이 낮은 구간 밑둥잡이 미설치
- 기계실 상부 유지관리를 위한 사다리식 통로 미설치
- 자동문 설정방법 미표시
- 업무동 지하3층 EMP차폐시설 설치공사의 중량물 취급작업 계획서의 내용이 실제와 상이
- 업무동 외부 낙하물방지망 미설치 및 각층 슬래브 단부와 10~11층 자재 인양 개구부에 안전난간, 수직보호망 미설치
- 업무동 코어부(계단실) 갱폼 하부 낙하물방지망 미설치
- 업무동 철골 내부 안전방망 해체 후 방치 등 유지, 보수관리 미흡으로 낙하 위험
- 업무동 코어부(계단실) 내부 미장 작업 시 작업발판 단부 안전난간 미설치 등 추락위험

- 업무동 지하3층 EMP시설(차폐 철판) 용접 작업 시 화재감시자 미배치로 화재, 폭발 위험
- 동절기 콘크리트 양생 작업 시 화재 및 질식예방대책 미수립
- 저류조 등 방수작업 시 밀폐공간 질식 위험
- 옥상 쿨링타워 받침부 부식
- 업무동 4층 휴게공간 맹암거 유공관 파손
- 지하 3층 기계실 소방 전동기제어반 출입문 하부 배수트렌치 덮개 누락
- 기계실 이동사다리 전도방지용 아웃트리거 미설치
- 본관동 외벽창호 공기층 패킹 불량
- 옥상옥탑 피복두께 불량으로 인한 콘크리트 표피 박리 및 철근부 녹 발생
- 지하 2층 주차장 램프 연식 파손 및 벽체 패널 녹 발생
- 캐드워크 하부 휨부분 발생
- 고층부 5층 기둥부 균열 발생 및 외부 유리마감재 실링재 노후화에 따른 누수
- 창고 강구조 내화도장 박락 및 옥상 명판(000지방합동청사) 유지관리용 접근시설 미설치
- 주차장 포장 갈라짐 및 옥상 식생

- 교량 신축이음부 본체 손상 및 가동여유량 부족
- 청사동 창틀 및 증축부 이음부 누수와 옥상 방수 도장 파손
- 옥상 외측 캔틸레버부위 도장 열화 및 콘크리트 균열
- 점검 및 진단결과 시설물통합정보관리시스템(FMS) 보수보강 이력 확인 불가
- 건물주변 벽체 하부 결로 및 침투수 등에 따른 열화 및 지반침하 관리 미흡
- 민원인 주차장 규격(2.5M×5.0M) 협소(폭 2.3M)
- 야외정원 및 옥상, 건물주변 배수구 이물질 적치

(3) 전기 분야

- 임시 수전실 내 역율 보상용 콘덴서 하부 누유
- 임시 분전함 내 콘센트 전용 누전차단기 용량 과대(30A→20A)
- 접지공사 방법이 공사계획서는 다중접지로 신고하였으나, 시공은 통합접지로 시공되어 부적정
- 임시수전실 및 현장사무실 배전함 주위 전선관 빗물 침투 예방을 위한 막음조치 미실시
- 각 옥내외 임시 배전함 및 분전함 미고정
- 식당 분전함 상부 인입케이블과 샌드위치패널 커팅면이 맞닿아 전기사고 발생 가능

- 임시수전실 출입문의 고압위험표지판과 접근금지 표지판 미부착
- 수전실 부스덕트 및 EPS실 케이블트레이 관통부 방화구획 미확보(방화구획은 불연성 재료로 충전)
- 각 층 EPS실 내 부스덕트 앞 분전함 미접지
- 식당 조리실내 냉동고 및 냉장고회로 누전차단기 미설치
- UPS실, 비상용발전기실 내 축전지 성능 불량
- 전기실 출입문 잠금장치 미설치
- 사무실 배전함 하부 커팅부분 마감처리 부적정
- LPG 특정사용시설 검사 확인불가 및 계량기 전단 막음조치 불량
- 샤워실 콘센트 고감도 누전차단기 미설치(고감도 누전차단기 : 감도전류 15mA, 동작시간 0.03초)
- 전기안전관리자 직무고시 관련 연차 시 특고압 계전기 측정 및 저·고압 절연저항 측정 미실시
- 전기안전관리자 직무고시에 따른 계측장비의 주기적 교정 및 안전장구 성능시험 미흡(매년 1회 시행)

(4) 가스 분야

- 지하3층의 LPG용기(가연성 가스) 실내 보관

- 용접용 아르곤용기 전도방지장치 체결 및 보호캡 설치 미비

- 지하3층의 액화알곤 기화기 배관(접속구) 막음조치 미비

- 소형저장탱크 주위 가연성물질 적치

- 업무용대형연소기(그릴) 받침대 파손

- 냉동제조시설 안전관리규정에 따른 직원교육(월 1회) 일부누락 및 위해방지훈련(반기 1회) 미실시

- 도시가스 정압기 경계표시 미비(도시가스사, 안전관리자, 전화번호 등)

- 정압기 안전밸브 방출관(탄소강)과 정압기실(스테인리스캐비닛함) 접촉(부식방지를 위한 접촉부위 제거)

- 공기호흡기 용기 충전기한 만료

- 계량기 받침대 높이 부적정 및 배관위 스테인리스 연소기 덮개 적치(적치물 제거)

- 회전 국솥 점화봉(불대) 호스 열화 및 업무용대형연소기(낮은 렌지) 바닥 미고정

- 바닥면에 소형저장탱크 설치 및 배관이음매(나사이음)와 전기콘센트 이격거리 미비(30cm 이상 이격)

- 수도, 전기 등 타 공사 시 사고예방을 위한 부지 내 매설배관에 대한 표시 권고

(5) 소방 분야

- 지하층 간이피난유도선 미설치 및 용접 작업장 임시 소방시설 설치기준 미달(소화기, 간이소화장치 및 비상경보장치 설치)
- 현장 가설사무실 기초 소방시설 및 화재 감시창 미설치
- 휴대용 확성기 점검표 미부착
- 공용복도 상 임의 구획된 실내 화재감지기 미설치
- 피난구조대 부근 장애물 적치
- 본관 4층 옥외광장 내 화단 부근 피난구조대의 지지대 시인성 미확보
- 각 층별 피난구조대 옆 디딤용 발판 미설치
- 엘리베이터 앞 방화셔터 개방방향 부적합(피난방향과 불일치) 및 유도등 종류와 위치 부적합, 방화스크린 자동문으로 개방 장애
- 옥상층 휀룸실 내 감지기 감열부 탈락
- 지하 1층 전시실 내 감지기 및 스프링클러 헤드 설치부가 천장 철망 하단에 위치하여 화재 감지 지연 우려
- 연결송수관 및 상수도소화설비 앞 주정차금지 구조물 비치
- TPS, EPS실 소공간 자동소화장치 미설치
- 어린이집 3층 완강기가 설치되어 있으나, 어린이 등 이용하기 부적절(미끄럼대 설치)

- 노유자시설(어린이집) 자동화재 속보설비 미설치
- 소방훈련교육 시 소화/피난/통보의 내용을 모두 포함하여 교육 실시
- 물분무등소화설비 설치장소 인근 공기호흡기 미비치
- 기계실 기동용수압개폐장치 안전밸브 누기 발생
- KT사무실 내 자동소화장치(캐비넷) 전면패널 전원표시 불량
- 방화문 도어스토퍼 설치
- 옥내소화전 구형 관창 부적절 및 수관보관 미흡
- 투척용 소화기 야광명판 및 사용법 미부착

(6) 승강기 분야

- 승강기 내 정전 시 비상전원공급설비에 의해 5Lux 이상의 조도로 1시간 동안 전원이 공급되어야 하나 작동불량
- 자체점검 시 이용자의 내부 진입을 막는 조치 미실시
- 2층 도어의 잠금확인 스위치 간격이 커서 잠금장치가 완전히 잠기기 전에 엘리베이터 작동
- 주로프 체결방식이 클립체결방식으로 되어 있으나, 2개의 클립만 체결(클립 개수 4개 이상, 간격 6d 이상)
- 권상기 도르래 보호수단의 구멍이 규정보다 커서 안

전사고 위험 및 권상기 도르래 보호수단의 막는 조치가 되어 있으나 편향 도르래 쪽의 보호수단 미흡
- 피트 진출입을 위한 사다리에 미끄럼 방지 패드 미설치
- 피트 바닥에 집수정이 설치되어 있으나 덮개 미설치
- 상승용 에스컬레이터 탑승장 측면에 핸드레일과 책장 사이에 틈새가 40cm 존재(12cm 이하)
- 기계실내 폐유류 등 설비이외 물품 적치

(7) 보건·위생 분야

- 냉·온수기, 정수기 정기적인 소독 미실시 및 관리카드 기록 미유지
- 급식 식품의 보존식 보관관리를 위한 설정온도(-18℃ 이하) 관리 미흡 및 손잡이 파손, 문틈 막이 경화로 인해 열림 발생
- 조리장 식용유 사용장소에 적합한 K급 소화기 미설치
- 공조기 내부 필터 정기적인 유지·보수 시 조도 미흡
- 조리용 기구 교차오염방지를 위한 기구(칼, 도마 등) 용도별(채소용, 육류용 등) 안내표지 미부착
- 대형냉장고(워크인냉장고) 내부 식자재 보관 장소 조도 미흡

- 조리장 흡·배기구 등에 여과망이나 방충망 미설치 및 용기별(음식물, 재활용, 폐기물 등) 구분 관리 미흡
- 맨홀 내부 저수조 수동밸브 조정실에 맨홀 사다리 파손
- 굴뚝 사다리식 통로 등받이울 미설치

4. 공공체육시설

1) 개요

- **안전점검 대상** : 「체육시설법」 제2조제1호에 따른 체육시설 중 국가 또는 지방자치단체 등에서 운용하는 시설
- **안전점검 시기** : 「체육시설법」 제4조의3에 따라 정기적 실시, 체육시설안전점검 지침에 따라 사용승인일로부터 6개월에 1회 이상 실시
- **안전점검 실시자** : 재난관리책임기관의 장은 체육시설 특성 및 점검 목적에 맞추어 해당분야(시설물 분야, 소방시설 분야, 체육시설법 관련 규정 준수 분야) 공무원(담당자)과 민간전문가 등으로 점검반을 구성하여 안전점검을 실시

2) 주요 지적사항

(1) 시설 분야

- 배수구 주변 보도블록 단차 발생
- 무대스피커 2중 안전고리 미연결
- 무대 난간높이 미달

  (난간높이 1.2m 이상)

- 중앙스탠드 막구조 형식의 철재프레임 부식 진행
- 축구장 목재 스탠드 들뜸
- 주출입문 철구조물의 코너 및 캐노피 고정 철물 부식
- 보행자용 통로(캣워크) 진입 사다리 통로 길이 부족

(2) 전기 분야

- 체육공원의 분전반 내 분진 과다
- 샤워장 내 콘센트회로 일반형 누전차단기 사용

  (고감도(15mA) 누전차단기 사용)

- 옥외 항온항습기 실외기 및 가로등 점멸기반 내부 콘센트, 현장사무실(컨테이너), 헬스장 진동운동기기(덜덜이), 생수기용 콘센트의 미접지

- 내부 콘센트 배선의 전선굵기 부족(2.0㎟) 및 미접지

  (2.5㎟ 이상 규격전선 사용 및 접지)

- 중앙부 전등배선 노출 시공

  (전등배선 난연성 전선관 내 매립 시공)

- 에어컨, 전광판용 콘센트 및 멀티탭 비규격품 사용
- 옥외 전등커버 미 부착

  (옥외 방수형 전등사용)

- 비상용발전기 냉각수 부족

(비상용발전기의 축전지 3년마다 교체 권장, 냉각수 및 엔진오일, 연료 적정성)

- EPS실 케이블트레이 관통부분 방화구획 미확보

   (방화구획 불연성 재료로 충전)

- 특고압 수전실 출입문 위험표지판 미 부착
- 한전 인입전선이 건축물(철재)과 접촉으로 손상 우려
- 전기안전관리자 직무 고시 이행사항 부적정

   (전기안전관리자의 특고압 전기설비 절연·접지저항 측정 (연 1회 이상 측정))

(3) 가스 분야

- 게이트볼장 내 화목난로 설치

   (일산화탄소 경보기 설치)

- 취사실 LPG 용기 실내보관 및 사용

   (가스용기 옥외 보관)

- 취사실 호스 3m 초과 사용

   (호스 3m 초과 시 금속재 배관 사용)

(4) 소방 분야

- 소방 수신기 미작동(전원차단)

- 전기실 내 가연성 적치물 보관
- 분말소화기의 내용연수 경과

  (분말소화기 내용연수는 10년)

(5) 기타 분야

- 위험물 저장소에 있는 염산, 락스 용기에 예시용 물질안전보건자료(MSDS)를 비치하는 등 자료관리 미흡

  (해당 화학물질의 제조자 또는 판매자로부터 입수한 물질안전보건자료를 비치, 게시)

- 공조설비 여과필터 교체 후 설비 이력관리 대장에 기록 누락

5. 공동주택

1) 시설 개요

- **안전점검 대상** : 「공동주택관리법」 제2조제1항제1호에 따른 공동주택
- **안전점검 실시**
  - 의무관리대상시설 : 「공동주택관리법」 제33조에 따라 「시설물안전법」에 따른 안전점검 실시
  - 소규모 공동주택 : 「공동주택관리법」 제34조에 따라 지방자치단체장의 안전점검 실시

2) 주요 지적사항

(1) 시설 분야

- 「시설물안전법」에 따른 시설물 정밀안전점검 미실시
- 옥상 헬리포트 입구계단 하부 보강재 누락, 연결볼트 및 슬래브판 부식
- 물탱크실 하부슬래브 노출부위 콘크리트 탈락 및 철근 노출
- 지하주차장 천장 균열 및 누수 발생, 일부 누수로 배관 부식

- 지하주차장 진출입 시 경고등과 차선이 없어 차량 추돌 우려
- 동과 동 사이 울타리 파손
- 방수층에 식생 및 일부 손상
- 옥상 피뢰침 미고정으로 전도 위험
- 어린이놀이시설 점검현황 미표시

(2) 전기 분야

- 지하주차장 전등, 옥외 가로등, 배수펌프의 누전차단기 미설치
- 수전실 출입구 및 배전반 잠금장치 미설치
- 전선 트레이 관통부의 방화구획 미확보

  (방화구획 불연성 재료로 충전)
- 각층 EPS실 공간에 생활집기류 보관으로 점검 및 시설물관리 어려움
- 정류기반 축전지 노후 및 누액으로 사고 위험

  (축전지는 매 3년마다 교체 권장)
- 비상용발전기 축전지 보호커버 미설치
- 전기실 안전작업수칙 및 위험표지판 미부착
- 특고압 자동개폐기 미설치

- 건물 측면에 대한 낙뢰보호시설 미설치

  (60m 이상 건축물은 80% 지점부터 최상단부분까지 측면 피뢰설비를 설치)

- 전기안전관리자 직무고시에 의한 연간계획 미수립 및 점검기록부 미비치, 정기검사 부분 이외 절연 및 접지저항 측정기록표 누락

  (연 1회 이상 부하설비에 대한 절연, 접지저항 측정)

(3) 가스 분야

- 로비 입상배관 가스배관표시(가스명, 흐름방향 등) 미비
- 3~4호 라인 앞 라인마크 파손
- 각 동 입상밸브 부식 진행
- 복도식 아파트 양쪽 끝 세대 복도에 출입문 설치하여 긴급 밸브 차단 불가

(4) 소방 분야

- 옥내소화전함의 일부개소 소방호수 및 관창 미연결
- 지하 기계실 상·하향식 스프링클러 하부헤드의 차폐판 노후, 장식물로 인한 살수방해
- 각층 스프링클러 유수검지장치실 잠금장치 설치

  (유수검지장치실 잠금장치 제거)

- 지하 전기실 출입문이 열려있어 소화약제 살포 시 저하
- 분말소화기의 위치 표시 및 충압부족 소화기 방치, 제조 년수가 25년 초과(분말소화기는 내용연수 10년)
- 전층 자동 배연창의 작동 불량
- 연결살수송수구 앞 자전거 보관 및 표지판 미설치
- 복도 방화문을 벽돌 및 끈으로 고정

  (방화문은 항상 닫힘 상태 유지)
- 일부 주민들이 피난계단 및 각 층 공용 구간에 생활용품, 자전거 등 적치
- 옥상 출입문 밀폐되어 피난로 차단

  (피난이 용이한 자동개폐장치 설치)
- 세대별 대피공간이 생활집기 보관 등으로 비상시 사용 곤란
- 지하에 가연성물질의 페인트 보관

  (가연성 물질 환기가 용이한 장소 보관)
- 소방계획서 세부사항이 아파트 시설현황과 상이
- 소방차 전용주차구역 관리 소홀

  (상시 주차구획 확보)

(5) 승강기 분야

- 주로프와 보조브레이크 패드 간섭으로 인한 패드의 마모 우려
- 권상기의 도르래 보호망 미설치 및 오일 누유 (권상기 도르래 커버 설치)
- 감속기의 도르래측 베어링 소음 발생
- 승강기 내 비상통화장치가 2회 동작(장난콜기능)으로 연결 (1회 동작으로 통화 가능)
- 승강기내 비상통화장치의 감도 및 작동 불량, 유지관리 업체와 연결되나 관리사무소와 미연결
- 엘리베이터 기계실 출입문 "위험 관계자외 접근금지" 표지 미부착
- 기계실에 천장 앙중고리 사용하중 미표시 및 환기시설이 되어 있지 않아 온도상승 우려
- 실제점검자와 시스템상 입력된 자체점검 일자, 점검자 불일치

(6) 기타 분야

- 수도법에 의한 위생교육 미이수
- 안전보건교육 시 비번자 교육 미실시

6. 공연장 및 영화관

1) 개요

- **안전점검 대상**

  - 공연장 : 「공연법」 제2조제4호에 따른 공연장

  - 영화관 : 「영화비디오물법」 제2조제10호에 따른 영화상영관

- **안전점검 시기**

  - 공연장 : 무대시설의 정기안전 검사(등록한 날부터 3년이 경과한 경우, 정기 안전검사를 받은 날부터 3년이 경과한 경우), 매년 자체 안전점검 실시
  ※ 개별법에 의한 안전점검 근거, 시기, 실시자의 규정 없음

- **안전점검 실시자**

  - 공연장 : 「공연법」 제12조에 따라 공연장운영자는 매년 무대시설에 대한 검사계획을 수립하여 자체 안전검사를 실시

- **기타사항** : 영화상영관에 대하여는 「영화비디오물법」 제37조제1항에 따라 영화상영관 경영자는 재해대처계획을 수립하여 매년 이를 관할 시장·군수·구청장에게 신고하도록 규정하고 있으나, 안전점검의 근거, 시기, 실시자에 대한 규정 없음

2) 주요 지적사항

(1) 시설 분야

- 객석은 30석 이상이거나, 바닥면적이 60제곱미터 이상 미확보
- 통로는 세로방향으로 20석마다 폭 1미터 이상 및 관람석과 내부벽 사이에 폭 1미터 이상 미확보
- 관중석 중앙 좌측 계단 파손 등으로 관람객 안전사고 발생 우려
- 무대 뒤 바닥 통풍구(ϕ10cm, 4개) 설치로 공연자 안전사고 우려
- 영사실과 객석 사이 난간 미설치 및 영사실 점검구 사다리 통로 길이 부족
- 상영관내 통로계단 발판 폭 불규칙 시공
- 적치물로 관객석 내부 점검 곤란
- 스크린 벽체 철근 노출 및 부식
- 무대 천장 목재 마감재 탈락
- 자동문의 수동조작방법 및 벨 미부착
- 조종실 출입계단의 천장 높이 낮음 및 미끄럼방지시설 미설치, 조종실 캣워크 출입구 협소

- 주차장 타워 경량철골재 기둥 누락
- 지하 소도로 부분 출입문 캐노피 기둥 누락
- 지하 기계실 천장의 배관 관통부 파손 및 철근 노출
- 지하 정화조 측 벽체 균열 다수
- 석면조사 미실시, 석면조사 결과에 따라 무석면 건물 인증 미시행
- 옥상난간 높이 부족(난간높이 1.2m 이상)

(2) 전기 분야

- 조명등의 접속부 열화 발생
- 비상용발전기의 축전지 불량 및 주기적 미교체 (축전지는 3년마다 교체 권장)
- 비상용발전기의 주파수 계기 불량, 냉각수통 위 적치물 방치 및 엔진오일 변색
- 차단기 용량 과다 및 통로바닥 유도등 전용개폐기 미설치
- 조정실 내 조명설비 및 전동무대막 기계설비반의 누전차단기 미설치와 조광기의 누전차단기 미고정
- 무대 조작반 무대조명 제어반 분기 누전차단기 배선용량 대비 과용량으로 과부하 시 정상작동 불가
- 무대장치(구동자이)에 지락차단장치 미설치로 절연파괴

시 감전사고 우려

- 무대 작동용 이동식 전원릴이 비접지형으로 설치 및 극장입구 맴버쉽 입간판 접지시공 불량
- 무대 조정실내 분전반을 가연성 재질로 설치
- 매점 옆 통로스위치 파손 및 전선 비규격품 사용
- EPS실 수직 케이블트레이 관통부의 방화구획 손상 (방화구획 불연성 재료로 충전)
- 전기실 내 방화구획 마감 불량 및 수배전반, 영사실 주배전반 위험표지판 미부착
- 전기안전관리자 직무고시 이행 부적정

(3) 가스 분야

- 가스배관 및 고정 장치 부식
- 정압기 출입문 옆 상품 적재 (정압기 출입문은 항시 사용할 수 있도록 관리)
- 정압기실 1차측 차단장치가 전기식과 공기식 동시 사용 중
- 가스누설경보기 설치위치 근무자 상주장소로 미이전
- 가스배관 옆 전기콘센트 설치로 가스누출 시 화재, 폭발 사고 우려

(4) 소방 분야

- 연기감지기의 미설치 및 작동 불량

- 유도등 미점등 및 완강기 파괴망치 미비치

- 피난구 유도등 크기 및 조작실 통로유도등 부적절

- 방화문 처짐 발생 및 도어스토퍼 설치, 도어클로저 장력 미달

- 상영관 내 피난구 유도등에 부착된 가림종이 미제거 및 바닥 피난유도등 방향 부적절, 비상구 상단에 피난유도등 미설치

- 무대뒷편 유도등을 비닐로 감싸 발열에 의한 화재사고 우려

- 동절기 소화펌프 및 수조 동파방지 미철저

- 지하 화재수신기 시험결과 수조저수위 회로 단선 및 수신기 연동 불량

- 소화기 안전점검표 누락 및 압력미달과 연습실, 공연장, 사무실 등 구획된 구역에 소화기 미비치

- 소화전의 호스 및 관창 미연결

- 옥상층 출입문을 자동개폐장치 또는 자동화재탐지설비와 미연동

- 스프링클러, 옥내소화설비 송수구에 송수구역 미표시

- 시각경보기 설치위치 식별 곤란
- 무대부 제연설비 작동 불량
- 공연 소품 및 무대장치 반입 시 방염기능 확인서류 미비치
- 방화셔터 동작 시 식별 가능한 유도등 미설치, 비상문 위치 부적정, 밖여닫이 구조, 작동불량, 연동제어기 고장, 하단부 표시 없음, 장애물 방치 등
- 휴대용 비상조명등 점등불량, 조도불량
- 영사실 스프링클러의 헤드 탈락
- 영화관 피난유도선 미설치
- 복도 제연설비 스크린 노후
- 건물 전체 소방용 알람밸브 고장
- 에스컬레이터 천장부위 방염 미처리 제품 사용
- 소방시설 작동기능점검대상임에도 종합정밀대상으로 표기
- 피난대피도를 식별이 용이한 장소에 미게시 및 건물배치도와 불일치
- 공기호흡기 개폐 불량 및 각층 공기호흡기 관리대장 미비, 산소용기 공기압력 미달
- 소방계획상 옥외 피난경로 미흡, 수용인원, 자체점검계획, 소방훈련 및 교육계획 누락
- 건축물 관리주체와 연계한 계획수립 및 소방훈련 미실시

(5) 무대 분야

- 무대시설의 조명, 음향 등 2중 안전고리 미설치 및 조명기 안전철망 미설치
- 무대 천장에 추가 매어달기로 설치된 스피커 낙하 위험
- 조명봉 단자함 내 단자보호덮개 미설치
- 무대기구 상부에 구동장치용 모터벨트/풀리부 방호덮개 미설치
- 장치봉 고정밴드 및 와이어로프 방향전환 활차 크기 작음
- 무대전용 변압기 온도센서가 잘못 설정되어 변압기 과열 시 정전 및 안전사고 우려
- 통로바닥유도등 피난방향으로 미설치 및 점등 불량
- 분장실내, 무대 뒤편 피난출입구 비상조명등 미설치
- 공연방해 이유로 공연 중 유도등을 막아 비상시 사용 불가
- 야간 공연 시 비상구 출입구 확인 곤란
- 공연장내 유도등에 필름지를 부착하여 조도상태 불량
- 공연장내 비상손전등 점등 불량
- 중극장 비상시 비상방송이 객석과 연동 안 됨
- 공연장의 내·외부 비상대피도 미부착

- 무대장치(CLB3)지지 Lift용 와이어로프 단말장치 Clip 풀림 이완
- 무대 뒤 비상상황 시 연락계통도 어두운 무대에서 관계자 인지 곤란

(6) 기타 분야

- 승강기의 기계실 조속기 커버 미고정
- 승강기 장애인 조작반 비상호출버튼 미작동
- 재해대처계획서상 개인별 임무부여 내용 미흡 및 소방서 미통보, 지진·지하철역사 연계 매뉴얼 미흡, 장애인·노약자 피난계획 미수립, 미신고, 소방계획과 불일치
- 공연장·객석의 위생관리 미흡
- 영화관 화장실의 환기시설 불량
- 대관의 경우 반입물품 방염성능 확인 등 검증절차 미비
- 복합건물에 대한 동시통보체계 미구축
- 실내공기질 측정결과 보고 누락 및 실내공기질 담당자 교육 미이수
- 피난경로 내 쓰레기 보관함 미고정

7. 공항시설

1) 개요

- **안전점검 대상** : 「공항시설법」 제2조제1호 및 제7호의 항공기, 공항시설

- **안전점검 시기 및 실시자** : 「공항시설법」에는 공항시설에 대한 정기 및 수시점검 근거 부재하고, 「시설물안전법」 및 「건축물관리법」 등에 따라 실시

2) 주요 지적사항

(1) 시설 분야

- 공항 내 고가차도 및 지하차도에 대한 정밀안전진단을 실시한 이후 보수작업 계획은 수립하였으나, 예산을 확보하지 못해 공사 지연

- 주기장 인근 유도선 주위 포장 파손 및 계류장 배수불량으로 장기 채수 시 경계부로 우수침투 우려

- 활주로 일부구간 타이어자국으로 인한 중심선 퇴색

- 활주로 공사현장 바닥 높낮이 부분 구간 미표시

- 탑승교 이동터널 끝단 부분 마감처리 미흡 및 발판 단차로 사고 위험

- 탑승교 난간, 바닥부분, 조명탑 덮개 부식
- 고속탈출유도로 주변 제초작업 미흡 및 맨홀 주위 포장 균열
- 공사현장 차량이 계류장으로 신호수 배치 없이 쉽게 진입할 수 있어 계류장 이동차량과 공사차량 충돌 우려

(2) 전기 분야

- 배전실 바닥에 노란색으로 안전구획선 미표시
- 항공등화관제소의 전기안전관리 규정 미흡
- 체크인 카운터에서 사용되는 전원선로가 노출되어 전선 손상으로 인한 사고발생 우려
- 전력통제실 소화약제방출 표시등 미설치
- 변전소 내 큐비클(분전반) 잠금장치 불량
- 배전실의 실내온도가 적정온도(40℃) 이상으로 방치되는 등 안전관리 미흡
- 전기점검용 계측기는 년 1회 이상 검·교정 미실시

(3) 소방 분야

- 공항 내 음식점에서 식용유 등으로 인한 화재가 발생할 경우 대비하여 K급 소화기 미배치
- 가스계 소화설비 설치구역 내 출입문 개방으로 소화

기능 저하 우려

- 청정소화약제 용기실 밸브 안전핀 체결로 정상작동 불가
- 스프링클러의 헤드 함몰 및 스크린 설치로 살수장애
- 옥내소화전의 사용방법 미부착
- 사무실에서 화재발생 시 탈출로 유도등 설비 부족
- 소방유도등 동작방식이 2가지 형태로 되어 있어 비상시 혼란 우려 (상시 점등방식인 2선식으로 변경)
- 층별 방화문 주변 적치물로 방화구획(방화문) 관리 미흡 및 전기실 방화문이 열려 있음
- 소방응원협정서 내 관할 소방서의 현장지휘통제권을 명시하지 않음
- 「소방시설법 시행령」 제24조에 따라 자체 소방계획서를 작성토록 하고 있으며, 자체소방계획서 안에는 소방안전관리위원회 편성 및 화재피해 복구계획을 수립토록 규정하고 있으나 미수립

(4) 승강기 분야

- 승강기 정기점검 시 피트, 카 내부(사람이 타는 곳), 카 상부를 서로 간에 연락하는 통화장치 고장
- 승강기 내 갇힘 시 구조요청용 비상통화장치 불량 및 비상용조명등 미설치

- 승강기 승강로 내 전선 미고정
- 콘베어 옆면 모터 덮개 모서리 위험
- 에스컬레이터 하단 부근 이용자가 내리는 곳의 콤 파손 및 이용방법 안내문 스티커 변색

(5) 안전관리체계 분야

- 항공기 이륙 직후 발생한 항공안전장애보고를 관련규정에 따라 보고는 하였으나, 항공안전장애 프로그램에는 주요 보고내용(지상, 이륙, 상승, 순항 중 하나를 체크하는 것)이 누락되어 있음
- 풍수해를 대비하여 수해방지계획서를 작성하고 관련 조직체계를 갖추고 있으나 반별 임무 및 역할이 불명확하고 여름철 풍수해대책에 각 시설별(토목, 건축, 전기 등) 담당 인력을 특정하지 않아 시설점검 및 신속한 복구 등에 비효율
- 항행안전감시실 및 관제 송·수신소(겸직 근무) 내 휴일 및 야간 근무자가 현행 1인 근무체계로 되어 있어 긴급 또는 비상상황(장애)발생 시 상황근무자는 신속한 사고 현황 파악 및 비상연락 전파 등 곤란
- 항행안전시설 장애현장조치매뉴얼 내 장애복구대책본부 구성원 및 임무부여 없고 공항비상계획 시 비상사태 유형 중 항행안전시설장애 분야 제외

- 공항 내 비상상황 발생 대비 비상연락망은 구축이 되어 있으나, 직원 일부가 누락
- 격납고 작업 시 안전모를 착용하지 않고 작업 실시
- 피폭 위험이 있는 방사선투과 비파괴시험(RT)에 대한 외주방법 및 승인 절차 최종승인을 위한 유자격자 지정, 승인절차 및 검사결과에 대한 책임한계 등이 없이 운영
- 비행기 후류 주의구간에 유도관리사 미배치
- 공사장 작업인부 안전교육 중 법정교육(신규, 정기, 특수) 미구분 및 산업안전보건교육 미이수자 관리 미흡
- 「산업안전보건법 시행규칙」 제33조에 따라 일용근로자를 채용하는 경우 1시간 이상 교육을 이수토록 하고 있으나, 공사현장에서 일용직 근로자에 대한 안전교육 미실시

(6) 항공기 분야

- 교정실 질소가스 용기 6개 실내보관 및 기준에 설정된 온·습도 범위 유지 초과, 기록장치 아날로그 시스템 사용
- 공항 내 타이어 압력 보충용 질소용기에 대하여 용기바닥 평평한 구조 및 전도방지 장치 미설치
- 정비실 위험물 보관 장소 주변 및 축전지 가연성 액체보관함 주변 소화기 미비치
- 격납고 정비반 내 직류제어기 테스터기에 등록된 표찰

미부착 및 작업대 위 작업반 안전모 미착용

- 항공기 일부 페인팅 탈락 및 엔진덮개 접근구멍 인근 스티커(데칼) 훼손
- 견인각도 한계 식별마크의 페인트 일부 벗겨짐
- 교정성적서 오차 값 미반영
- 엘리베이터 안전표시 미부착
- 타이어 보관 장소 보호 커버 없이 관리 및 타이어교체용 자키정비 미흡
- 정비센터 가연물보관함 주변 물질안전보건자료(MSDS) 미비치
- 위험물 물질안전보건자료(MSDS) 수량과 물질종류가 상이
- 전반기 운항심사(FA)를 실시하였으나, 전회 심사결과에 후속조치 분석 없음
- 급유차의 급유 중 접지 미실시
- 공항 내 외부 작업용 차량 투입 시 고임목 없이 차량 주차
- 정비통제부서와 지점 근무자용 무선통신이 안 됨
- 비상연락망이 전산 등록 및 게시용이 상호 상이
- 비상상황실 내 보고체계도와 비상대응프로세스 불일치
- POM 운영교범이 완료기한을 경과하여 해당 항공기에 탑재

- 조종사의 연간 1000시간 초과근무 운영에 대해 전산관리하고 있으나, 해당 조종사 본인의 공지시스템 미흡
- 운항관리사 교육 시 3인이 개인사정으로 집체교육 불참으로 통신교육 받았으나 형식적 교육 우려

(7) 기타 분야

- 직원 수에 따른 방독면 미비치
- 국내선 게이트 앞 천장 광고물 미고정
- 짐 운반용 카트보관소 미고정
- 임차장비지원협정서 상 외부 장비보유 현황과 매뉴얼 상 보유현황 상이
- 배전실 정류기반 축전지 및 각동 축전지 설치장소에 물질안전보건자료(MSDS) 미게시
- 사무실 직원 연락체계 현행화 미실시

8. 기름·유해액체물질 저장시설

1) 개요

- **안전점검 대상** : 「해양환경관리법」 제2조제5호 및 제7호에 따른 「석유 및 석유대체연료 사업법」에 따른 원유 및 석유제품(석유가스를 제외한다)과 이들을 함유하고 있는 액체상태의 유성혼합물(이하 "액상유성혼합물"이라 한다) 및 폐유와 해양환경에 해로운 결과를 미치거나 미칠 우려가 있는 액체물질(기름을 제외한다)과 그 물질이 함유된 혼합 액체물질로서 해양수산부령이 정하는 것

- **안전점검 시기 및 실시자** : 「해양환경관리법」 제36조의2에 따라 기름 및 유해액체물질과 관련된 해양시설로서 해양시설의 소유자는 그 해양시설에 대한 안전점검을 실시

  - 해양시설의 소유자는 시설물안전법 시행령에 따른 안진진단 분야별 장비를 갖춘 기관, 위험물안전관리법 시행령에 따른 장비를 갖춘 기관 등 안전진단 전문기관으로 하여금 해당 해양시설에 대한 안전점검을 대행하게 할 수 있다
  - 안전점검은 반기별로 1회 실시

2) 주요 지적사항

(1) 기름·유해액체물질 저장시설 분야

- 부두 도교(로드웨이) 신축이음 및 받침장치 손상
- CCTV 24시간 미감시로 화재나 폭발 발생 시 확대 우려
- 부두 컨베어벨트 지지기둥 하부 지점부 단면손실 부식 및 부내 연결부 부식
- 황산 저장탱크 용접부 부식 및 녹물로 인한 표면 오염
- 황산 출하장 제어함에 설치된 비상정지스위치를 기준에 적합한 인증제품 미설치(일반스위치 사용)
- 펌프의 회전축에 대한 안전덮개 미설치
- 화재폭발 등의 위험이 있는 장소에 설치되어 있는 설비의 경우 내화구조로 하여 성능 유지하여야 하나, 내화도료 박락
- 원유 저장탱크 이동식 사다리(롤링레더) 통로 안전난간 미흡
- 육상 출하장 상부 출하대 작업자 유지·보수 시 이동통로 안전난간 미설치로 추락 위험
- 항만 출하장 로딩암 상부 유지·보수 시 추락 방지용 안전대걸이 미설치로 추락 위험
- 해상으로 연결되는 파이프랙, 송유배관 유지·보수 시 작업자 이동통로 구간 작업발판 미설치로 추락 위험

- 사용하지 않는 배관시설 미철거 및 배관내부 비움 조치 미이행
- 송유관(저장시설↔부두)에 부착된 밸브류의 상태표시 (상시 열림, 상시 닫힘) 미흡
- 안전밸브는 검사주기마다 국가교정기관에 안전밸브가 적절하게 작동하는지 점검하여야 하나 미실시
- 해양시설오염비상계획서의 어업, 양식장 현황, B-C유(미취급 화물)에 대한 시나리오, 방재기자재 현황 등 현행화 미흡

(2) 전기 분야

- 변압기 호흡기 정비 불량(흡습 실리카겔 변색)
- 표준설계 전주에 케이블(전선) 등 추가 설치 시 전주에 대한 하중 검토 후 설치
- 외부 노출 케이블 금속관 끝 캡 미설치
- 가로등에 방수형 차단기 미설치하고 일반형 차단기 설치
- 돌핀부두 전기분전함에 잠금장치 미설치 및 고무패킹 열화로 방수기능 상실
- 가로등, 히터, 건물 등 단상 배선에 누전차단기 미설치
- 케이블 및 케이블 트레이 상부 관통부와 인입부 방화구획 미확보(불연성 재료로 충전)

- 축전지 성능 적합여부 확인 곤란 및 교체이력 관리 미흡
- 축전지 보호커버 미설치

(3) 가스 분야

- 연소기 직전 플랜지에서 가스 누출
- 가스용기 완성검사 미신청 및 호스 배관 사용(저압배관 미사용)
- 'T'자 부분에 강관배관을 사용하지 않고 호스 사용

(4) 소방 분야

- 방유제 내 바닥 일부 잡초로 인해 화재위험 발생 및 연소 확대 우려
- 옥외소화전함 내 수관 아코디언방식으로 미관리
- 옥외소화전 및 이송취급소 보온재 파손(훼손)
- 옥내저장소 벽면 준비작동식 스프링클러 1, 2차 제어밸브 부식
- 자가주유취급소 배수로 토사정비 불량 및 표지판 미부착
- 위험물 취급 시 위험물안전관리자 입회하에 주유 미실시

- 이송취급소 포소화설비 소화활동을 위한 통로 미확보
- 이송취급소 포소화설비 폼 배관 보관함 미설치 및 소화설비 개폐밸브 "항상 열림" 표지 미설치
- 옥내소화전 송수구 자동배수밸브 탈락
- 펌프설비 방유턱 배관관통 부분 마감 불량
- 옥외탱크저장소 방폭등 파손
- 운휴 옥외탱크저장소 휴지신고 또는 용도폐지 미실시

(5) 보건·위생 분야

- 식당 자외선 살균 소독기 램프 고장 및 개인보호구 자외선소독기 조리기구별 용도 구분표시 미흡
- 식당 출입구 방충망 파손으로 해충유입 방지 미흡
- 식기세척기 스팀공급라인 고온 접촉방지 미흡

9. 노래연습장업

1) 개요

- **안전점검 대상** : 「다중이용업소법」 제2조제1호에 따른 다중이용업 중 노래연습장업의 시설물

- **안전점검 시기** : 「다중이용업소법 시행규칙」 제14조에 따라 매 분기 1회 이상

- **안전점검 실시자** : 「다중이용업소법 시행규칙」 제14조에 따라 해당 영업장의 다중이용업주 또는 다중이용업소가 위치한 특정소방대상물의 소방안전관리자(소방안전관리자가 선임된 경우에 한한다), 해당 업소의 종업원 중 「화재예방, 소방시설 설치·유지 및 안전관리에 관한 법률 시행령」 제23조제2항제7호마목 또는 제3항제5호자목에 따라 소방안전관리자 자격을 취득한 자, 「국가기술자격법」에 따라 소방기술사·소방설비기사 또는 소방설비산업기사 자격을 취득한 자, 「화재예방, 소방시설 설치·유지 및 안전관리에 관한 법률」 제29조에 따른 소방시설관리업자

2) 주요 지적사항

(1) 시설 분야

- 계단 발판의 미끄럼방지시설 미설치

  (공용계단의 발판은 논슬립패드 등 미끄럼방지시설 설치)

- 비상탈출구의 난간살 간격이 넓어 추락 위험 및 사다리 통로 손잡이 미설치

  (난간높이 1.2m 이상, 난간살 간격 10cm 이하)

- 창문 등 추락 위험 있는 곳의 안전장치 미설치

- 캔틸레버 비상탈출구에 많은 사람이 몰릴 경우 안전사고 발생 우려(건축물 구조검토 필요)

- 노래연습실에 잠금장치 설치

(2) 전기 분야

- 각 실 콘센트 배선의 전선굵기 부족(1.25㎟) 및 접지 미시공

  (2.5㎟ 규격전선 사용 및 접지시공)

- 각 실 노래방 기기, 에어컨, 히터, 콘센트의 접지 미시공

- 분전반 노출 시공 (분전함은 불연성(난연성) 절연함 내 시공)

- 바닥으로부터 85cm 높이의 조도가 30Lux(청소년실 40Lux)이상 미확보
- 분전함 잠금장치 미사용
- 비규격 멀티탭 사용(규격품 멀티탭 사용)

(3) 소방 분야

- 화재 신호 시 영상음향 차단장치 작동 불량
- 화재감지기의 선로 단선
- 경보설비 주수신기와 상호 연동 불량

  (노래방 수신기와 주수신기의 상호 연동상태)
- 출입문의 도어스토퍼(고임목) 설치 및 도어클로저 작동 불량

  (방화문은 항상 닫힘 상태 유지)
- 내용연수 초과 소화기 비치 (분발소화기는 내용연수 10년)
- 비상구 유도등 전원 불량
- 피난사다리 표지판 미부착
- 복도 피난유도선 의자 등으로 장애
- 출입문에 피난계단 표시 및 반대쪽 출입구에 대피방향 표시 미기재
- 휴대용 비상조명등의 점등 불량

- 소방 완비증명서 명의 미변경

  (소방 완비증명서와 실제 명의자 일치)
- 소방 안전시설 등 세부점검표 미작성

(4) 기타 분야

- 객실 천장 환기용 배기구에 먼지 퇴적, 거미줄 및 바닥 머리카락 (배기구 및 바닥 등 청결상태)
- 객실 마이크 소독기 자외선 고장 및 마이크는 소독하거나 이용자가 바뀔 때마다 사용한 마이크의 덮개를 미교체
- 통로 및 칸막이 투명 유리창(1제곱미터 이상) 미확보
- 오전 9시~오후 10시 이외에는 청소년의 출입제한 미이행
- 주류를 판매·제공하지 않고, 이용자의 주류 반입 미제한
- 청소년에 대한 객실이용 제한 및 통제 미흡
- 청소년실은 영업주가 잘 볼 수 있는 곳에 미배치
- 출입구에 "청소년출입가능업소"표시판 및 청소년실 출입문에 "청소년실"표지판 미부착

10. 농어촌관광시설(민박 등)

1) 개요

- **안전점검 대상** : 「농어촌정비법」 제2조제16호에 따른 농어촌관광휴양단지사업, 관광농원 사업, 주말농원사업, 농어촌민박사업의 시설물

- **안전점검 시기 및 실시자** : 「건축물관리법」 및 개별법에 따라 실시

- **지도·감독** : 「농어촌정비법」 제88조에 따라 시장·군수·구청장은 농어촌관광휴양지사업자나 농어촌민박사업자를 지도·감독할 수 있으며, 필요하다고 인정하면 농어촌관광휴양지사업자나 농어촌민박사업자에게 그 시설 및 운영의 개선을 명할 수 있음

2) 주요 지적사항

(1) 시설 분야

- 지상에 설치한 추락방지용 난간높이 및 난간살 간격 부적정

    (난간높이 1.2m 이상, 난간살 10cm 이하)

- 2층 숙박시설 내 유리창 앞에 화장대 설치로 추락 위험

(난간 또는 추락방지망 설치)

- 하천에 설치된 인도교의 난간 고정상태 불량
- 카라반(차량이동용 주택) 상부 처마홈통 지붕틀 부식
- 옥상 배수구 거름망(루프드레인) 미설치 및 이동식 탁자 비산 우려 (비산우려 시설물 고정)
- 옥상 나무데크 기초 프레임 전도 및 손상으로 단차, 처짐 발생
- 외부 테라스(하천측)의 기초프레임 접근이 불가능한 상태로 설치되어 있어 안전상태 확인 불가
- 에어컨 실외기의 콘크리트 받침대가 실외기보다 적게 설치하여 전도 위험
- 공동화장실의 남녀 구분 표지판 미설치

(2) 전기 분야

- 옥외 조명등의 등주 및 에어컨, 냉장고, 전 객실 콘센트의 접지 미시공
- 멀티탭 비규격 및 분전반 잠금장치 미설치
- 샤워장 내 콘센트회로 인체감전보호용 누전차단기 미사용

(인체감전보호용(15mA) 누전차단기 설치)

- 옥외 방적용(커버용) 콘센트 미사용
- 체험방 내부 전선굵기 부족(1.25㎟) 및 접지 미시공
  (전선굵기 2.5㎟ 이상 규격전선 사용 및 접지 시공)
- 전기등의 시설물에 미고정

(3) 가스 분야

- 가스레인지를 현재 사용하지 않고 있으나, 가스용기 연결하여 사용하고자 할 경우 배관시설 설치 후 사용
  (호스 3m 초과 시 금속재 배관 사용)
- 가스레인지의 점화용 배터리 노후로 점화불량 및 소화안전장치가 없는 제품 설치
- 식기세척장 온수기용 가스시설의 호스 3m 초과 사용
  (호스 3m 초과 시 금속재 배관 사용)
- 각동 용기보관장소에 경계미표시
  (용기보관장소 외부에 가연성가스 저장소 표시 여부 확인)
- 가스용기 전도방지장치 및 차양 미설치
  (용기 전도방지장치 설치 및 직사광선, 빗물, 눈을 막을 수 있는 차양설치)
- 가스 충전기한 초과용기 보관
- 가스누설자동차단장치의 작동 불량 및 미설치

- 가스 온수기에 별도 급기구 미설치 및 시공표지판 미부착
- 이동식 부탄연소기를 다층으로 적재하여 보관 중에 있어 다층 적재 보관 시 용기 밸브가 열려 가스 누출 우려

(4) 소방 분야

- 단독경보형감지기의 건전지 노후로 미작동
- 소화기, 휴대용 비상조명등 미설치 및 피난안내도 미부착

(5) 보건·위생 분야

- 냉동고 설정온도 부적정

    (냉동고 설정온도 -18℃ 이하)

- 컵 살균 소독기의 자외선 살균소독기 램프 고장
- 침구류와 수건은 매사용 시 마다 세탁 미실시
- 농어촌민박사업자는 신고필증 및 요금표를 게시하도록 하고 있으나 요금표 등 미게시
- 지자체가 주관하는 서비스·안전교육을 연 1회 미이수

11. 대학교 연구실

1) 개요

- **안전점검 대상** : 「연구실안전법」 제2조제2호에 따른 연구실 중 대학교 연구실

- **안전점검 시기** ; 「연구실안전법」 제14조 및 같은 법 시행령 제10조에 따라 연구활동에 사용되는 기계·기구·전기·약품·병원체 등의 보관상태 및 보호장비의 관리실태 등을 매년 1회 이상 정기점검 실시

- **안전점검 실시자** : 「연구실안전법」 제14조에 따라 연구주체의 장은 연구실의 안전관리를 위하여 안전점검지침에 따라 소관 연구실에 대하여 안전점검을 실시, 연구주체의 장은 안전점검을 실시하는 경우 등록된 대행기관으로 하여금 이를 대행하게 할 수 있음

2) 주요 지적사항

(1) 시설 분야

- 창문부, 벽체 등 균열 발생

(2) 전기 분야

- 수도꼭지 인근 콘센트회로 방적형(커버용) 콘센트 미사용

(욕실 등 물기가 있는 곳 방적용(커버용) 사용)

- 실험실(110V 다운트랜스) 기기의 미접지

  (냉동기, 에어컨, 전동기 등 전기기계기구 접지시공)

- 분전반 내 누전차단기 미고정 및 미사용
- 전선 바닥 노출사용 (전선 보호관 설치)
- 항온실 내 멀티탭 과다 및 난잡 사용

  (가연성 가스가 새거나 체류하는 장소에는 전기방폭설비 시설 및 적정용량의 멀티탭 사용)

- 축전지 보호용 커버 미설치

(3) 가스 분야

- 산소와 수소가스 혼재 보관사용

  (산소와 가연성가스는 구분된 집합시설을 이용하여 보관)

- 가연성 가스 실내 보관(실린더캐비넷 또는 실외 저장실 보관)
- 고압가스 전도방지 및 보호캡 미조치
- 배양기 최고사용압력(0.03Mpa) 이상의 고압발생 가능

  (배양기 최고사용압력 이하로 공급)

- 공기 조정기 후단 튜브 재질 부적절

  (1Mpa 이상 사용압력에 적절한 사양의 고압호스 사용)

- 가연성가스(수소 및 메탄) 체류가능성이 높은 항온항습실 환기 불량(환기설비 및 가스검지기 설치)

- 수소 실린더캐비넷 설치 부적절

  (정전기 제거조치, 강제배기설비 설치, 배기덕트 시공)

- 암모니아 가스 저장설비 제독 미조치

  (독성가스 누출 확산을 방지하고 적절히 중화할 수 있는 중화설비 설치)

- 이산화탄소 고압가스용기 재검사 미필

- 「화학물질관리법」 제24조에 따른 설치검사 미필

  (유해화학물질 취급 연구실은 화학물질관리법에 따른 설치검사 실시)

- 「고압가스안전관리법」 제20조에 따른 사용신고 및 완성검사 미필 (수소, 산소 및 액화암모니아 등 특정가스의 경우 사용전 사용신고 및 완성검사 실시)

(4) 기타 분야

- 시약장 시약보관을 알파벳순으로 보관

  (시약을 소방 위험물 분류에 따라 성상별 보관)

- 에탄올의 물질안전보건자료(MSDS) 미비치 및 화학물질에 식별 가능하도록 명칭 등 미표시

  (증류수 저장용기 등에 내용물 명칭 표시)

- 용접작업 시 용접흄 흡입 우려

  (용적 작업대 국소배기장치 설치)

- 의료폐기물은 사용개시일 기준 15일 경과 시 과태료 대상

  (의료폐기물은 전용박스 사용 시 사용개시일 작성하여 15일 이내 의료폐기물 위탁처리 업체에 인계)

- 실험실 내 보호구 미비치(방진마스크, 내산장갑, 보안경 등 비치)

- 실험공간과 학습공간 미구분

- 연구실 내 구급함 미비치 및 구급약 유통기한 초과약품 사용

- 사전유해인자분석결과보고서 미작성 및 미게시

- 중독 위험성이 있는 납땜작업 안전수칙 게시 미흡

  (안전수칙 게시 여부 및 국소배기장치 정상작동 수시확인, 월 1회 이상 진공청소기로 퇴적된 납분진 제거)

- 안전관리규정 미게시 및 비상연락망 미비치

12. 대형숙박시설(관광숙박업 시설)

1) 개요

- **안전점검 대상** : 「관광진흥법」 제3조제1항제2호에 따른 관광숙박업 시설, 「시설물안전법」에 따른 2종시설(관광숙박시설)

- **안전점검 시기 및 실시자** : 개별법령에는 근거 규정 없으며, 「시설물안전법」, 「건축물관리법」에 따라 안전점검 실시

2) 주요 지적사항

(1) 시설 분야

- 휴게공간 목재 데크 고정상태 불량
- 옥외계단 상부 누수 발생 (벽체의 백화현상 및 노후화)
- 외벽 콘크리트 일부 들뜸
- 보 단면 절단 손실 및 기둥 단면 훼손과 철근노출, 부식 (건축구조 부분으로 정밀안전점검 등 구조해석)
- 대중온천탕 입구 철재 조형물 부식으로 단면 결손
- 비상구 계단 발판의 미끄럼방지시설 미설치 (공용계단의 발판은 논슬립패드 등 미끄럼방지시설 설치)

- 기계실 내 하수처리시설 작동방법 및 처리방법 미숙지와 배관 보온재 일부 노출
- 기계실 내 집수정 덮개 미설치 및 펌프 전체적으로 누수 발생

  (펌프 누수 상태 및 보수 방안강구 등 확인)
- 각종 펌프받침대 부식 및 단면 손실
- 차량주차설비 방호울타리 높이 미흡

  (높이 1.8m 방호울타리 설치 및 추락위험 표지 등 설치)
- 옥상 박공부분 드라이비트 마감재와 난간 위 조형물 최상단 목판 탈락 및 비산 우려

  (태풍 등으로 비산 우려가 있는 시설물 고정)

(2) 전기 분야

- 옥외가로등 접지 접속 불량 및 주방 냉동고, 냉장고 전기기계기구의 미접지
- 주방 휀, 에어컨, 덤웨이터, 식기세척기의 누전차단기 미설치
- EPS실, 배전반실 및 비상용발전기실의 케이블트레이 방화구획 미확보 (방화구획 불연성 재료로 충전)
- 특고압케이블의 노출 사용

  (특고압케이블은 완전 매립하여 손상 및 감전예방)

- 접객대 및 로비의 조도 부적절
- 누전경보기 3개소에 경보알람이 발생하였으나 미조치
- 방화문인 전기실 출입문 상시 개방

  (전기실 출입문 항상 닫힘 상태 유지)
- 비상용발전기 비상정지 불가
- 비상용발전기 축전지의 보호커버 미설치
- 옥외 전기실 전선관 막음조치 미이행

  (빗물 등이 침투하지 않도록 전선관 막음조치)
- 지하실 전기라인에 물 유입
- 전기실에 가연성 물품 보관과 안전작업수칙 및 위험표지판 미부착
- VCB 패널 동작 표시등 점등 불량
- 전기안전관리자 직무고시에 따른 연차, 반기, 분기, 매월 점검 및 전기설비 측정(절연, 접지저항) 미보관

(3) 가스 분야

- 용기보관실 내부 용기접합대(고압부) 부식
- 식기세척기용 부스터 가스검지부 부족
- 지하 2층 설비시설 보관장소에 용접절단 작업 토치(산소+LPG)용 가스용기 보관 (가스용기는 실외에 보관)

- 주차장 입상밸브 일부 매몰되어 부식 진행
- 정압기실 바닥 물고임(정압기실 바닥 수평상태 유지) 및 압력조정기 압력기록계 기록용지 미부착
- 실내가스 배관 막음조치 미실시

  (연소기가 연결되지 않은 배관은 안전캡으로 막음조치)
- LNG 저장소 내 방폭등의 방폭조치 미흡

  (방폭등 전·후면 에폭시 마감 조치)
- 가스사고배상책임보험 가입종목 불일치
- 주방에 설치된 배관의 물기접촉 부분은 전체적으로 도색 미흡 및 배관 고정 일부 탈락
- 가스공급사 보유정보와 현장 시설 정보 불일치

(4) 소방 분야

- 스프링클러 헤드의 미설치 및 살수 장애
- 스프링클러 펌프 고정받침대 부식 및 주펌프 누수
- 옥상 스프링클러 예비펌프가 자동·수동기동 불량
- 알람밸브 및 배수밸브 폐쇄상태에서 펌프 가동 시 누수
- 피난계단 출입구 피난구 유도등 미설치

  (국가화재안전기준에 적합하게 설치)

- 복도가 30m 이상인 경우 및 엘리베이터 연기감지기로 미교체
- 방화문 장력 부족
- 각층 피난계단 방화문 자동폐쇄장치 개폐상태 불량 (방화문은 항상 닫힘 상태 유지)
- 덤웨이트실 감지기 감열부 탈락
- 비상방송설비 연동 불량
- 휴대용 비상조명등의 점등 불량
- 각 층 완강기 근처에 유리파괴 망치 미비치
- 소화기 충압불량 및 공기호흡기 관리카드 미작성
- 지하 유류탱크 밸브 누유부분 미고정
- 옥내소화전함 앞 적치물 보관
- 주차장 소화전 앞 주차금지표지판 미설치
- 지하 2층 위험물 옥내탱크저장소 표지판 미흡

(5) 승강기 분야

- 승강기 권상기의 전동기 부분 케이블 이탈 및 조속기 커버 미설치
- 기계실 방충망 미설치(권장)

(6) 보건·위생 분야

- 식당 식품 냉동시설의 온도계 미설치
  (냉동시설에 온도계 설치하여 상시 영하 18℃ 이하 유지)
- 주방 내 쇼케이스 냉장시설 온도확인 불가
  (디지털 온도계 부착하여 냉장식품 관리)
- 식품보관 냉장시설에 식품 유통기한 미기록
- 식당 자외선 살균소독기 내부에 불필요 주방기구 비치 등 관리 부적절
- 주방식당 탈락된 타일 보수용 모르타르에 물고임
- 사우나 욕탕입구 수건 적재함 내 다량 먼지 퇴적, 머리카락 발견
- 사우나 정수기의 청결 유지관리 상태 확인 불가
  (정수기 관리점검표 부착하고 그 결과를 주기적으로 표시)
- 침구에서 머리카락 발견 및 침구류와 수건을 매사용 시마다 세탁 미실시
- 객실·욕실 등은 적합한 도구로 용도별로 구분하여 청소 미실시
- 숙박업 신고증과 숙박요금표를 사무실 안쪽에 게시
  (숙박업신고증 및 요금표 잘 보이는 곳에 게시)
- 「공중위생관리법」에 의한 위생관리자 위생교육 미수료

(7) 기타 분야

■ 정밀안전점검 결과에 따른 보수 계획 미수립

■ 전기, 가스 안전관리자 선임필증 미보관

■ 다중이용시설 위기상황 매뉴얼 미완료

 (개인별 임무카드 등 작성 완료하여 대표자 승인결재)

13. 목욕장업

1) 개요

■ 안전점검 대상

- 「공중위생관리법」 제2조제1항제3호에 따른 목욕장업 시설

- 다중이용업소 : 「다중이용업소법」 제2조제1호에 따른 다중이용업 중 목욕장업의 안전시설물(「공중위생관리법」 제2조제1항 가목(100명 이상), 나목)

■ 안전점검 시기

- 공중위생관리법 : 시설물에 대한 안전점검 규정 없음

- 다중이용업소 : 「다중이용업소법 시행규칙」 제14조에 따라 매 분기 1회 이상

■ 안전점검 실시자

- 위생지도 : 「공중위생관리법」 제10조에 따라 시·도지사 또는 시장·군수·구청장 실시(공중위생영업의 종류별 시설 및 설비기준을 위반한 공중위생영업자, 위생관리의무 등을 위반한 공중위생영업자)

- 다중이용업소 : 「다중이용업소법 시행규칙」 제14조에 따라 해당 영업장의 다중이용업주 또는 다중이용업소가 위치한 특정소방대상물의 소방안전관리자(소방안전

관리자가 선임된 경우에 한한다), 해당 업소의 종업원 중 「화재예방, 소방시설 설치·유지 및 안전관리에 관한 법률 시행령」 제23조제2항제7호마목 또는 제3항제5호자목에 따라 소방안전관리자 자격을 취득한 자, 「국가기술자격법」에 따라 소방기술사·소방설비기사 또는 소방설비산업기사 자격을 취득한 자, 「화재예방, 소방시설 설치·유지 및 안전관리에 관한 법률」 제29조에 따른 소방시설관리업자

2) 주요 지적사항

(1) 시설 분야

- 목욕탕 내 천장재 탈락·처짐 발생 및 천장마감재 누수로 인한 마감재 탈락
- 목욕탕 내 환기설비 및 비상문 틀 부식
- 1층 및 옥상층의 건축물대장에 없는 건축물 존치

  (건축물을 증축하는 경우에는 증축신고 및 사용승인 후 사용)

- 시설물안전법에 따라 제2종시설물의 정기안전점검 및 FMS 미등록

  (제2종시설물 지정 시 FMS 등록, 연 2회 정기안전점검)

(2) 전기 분야

- 전기 전선 바닥 노출전선 사용 및 콘센트 파손
  (옥외 바닥 노출은 불가, 콘센트 파손 무(無))
- 전기 옥외 조명등 안정기 노출 및 부식
  (옥외 조명등의 안정기는 방수형)
- 세탁실 대형 세탁기의 누전차단기 미설치
  (냉장고, 세탁기, 에어컨, 옥외 조명시설, 간판 등을 포함한 금속재료 되어있는 전기기계기구)
- 전기안전관리자 직무고시 미이행
  (전기안전관리자 직무고시에 따라 특고압 전기설비 절연 내력 기록, 전기안전교육, 정밀점검, 전기안전관리 규정 등)

(3) 가스 분야

- 가스누설자동차단기의 작동 불량
- 가스배관 말단부분 막음조치 미실시
  (연소기가 연결되지 않은 배관 말단부는 안전캡으로 막음조치 실시)
- 가스용기의 전도방지 미조치
  (LPG용기는 옥외 평평한 곳에 설치하고, 넘어짐 방지용 체인설치, 누출 시 실내유입이 없어야 됨)

- 산소와 같이 사용하는 시설에 역화방지장치 미설치
- 이동식 프로판 용기 실내사용

  (이동식 프로판 용기는 실내사용 불가)
- 가스시설 안전관리자 미선임

(4) 소방 분야

- 스프링클러 배관의 수압이 낮으며, 적치물로 살수장애
- 노후소화기 사용 및 주방 분말소화기 배치

  (분말소화기는 내용연수 10년, 주방에는 K급 소화기 배치)
- 목욕탕 내 비상방송 설비(스피커 등)가 습기로 부식 및 미작동
- 피난장소, 완강기·유도등 앞에 적치물 방치
- 옥내소화전 호수 미정리 및 관창 미비치, 위치 표시 등 마개 탈락
- 완강기의 부식으로 사용 곤란

  (완강기는 대피에 지장이 없도록 부식 등 제거 또는 교체)
- 방화문에 도어스토퍼 설치 및 열린 상태로 관리

  (방화문은 항상 닫힘 상태 유지)

(5) 목욕장 분야

- 발한실(핀란드사우나) 온도계 미작동 및 발한실 주변에 발열과 불연소재의 안전망 미설치
- 남탕 조명밝기 40럭스 이하
- 찜질방 출입구 CCTV설치 안내문 설치

 (찜질방은 무인카메라 설치 할 수 없는 장소)
- 사우나실, 편의실 및 휴식실의 실내 잘 안보임
- 남탕 미용기구 보관상태 미흡
- 남탕 헬스장 입구 먼지 퇴적 및 남탕 입구 비품정리·정돈 상태 불량
- 목욕장 내 미끄러짐으로 안전사고 우려
- 입욕주의사항 표기 미흡 및 여탕 탈의실 내부 목욕바구니와 쓰레기통 구별 없이 관리
- 탈의장 내 청소상태 불량
- 숙박에 이용되는 침구류 비치(대형타올로 사용가능)
- 목욕물은 수질기준에 적당한 물 미사용 및 수질검사 매년 1회 이상 수질검사 미실시

(6) 보건·위생 분야

- 매표소 입구에 락스 보관

(화학물질은 별도로 보관 장소에서 관리)
- 식당의 식자재에 대하여 유통기한 미표시
- 위생기준 준수 증빙용 서류 미비치
- 「공중위생관리법」에 의한 위생교육 매년 미이수

14. 백화점

1) 개요

- **안전점검 대상** : 「시설물안전법」 제7조에 따른 1종 및 2종시설의 판매시설 중 백화점 시설
- **안전점검 시기** : 「시설물안전법」 제11조에 따라 A·B·C등급 반기에 1회 이상, D·E등급 1년에 3회 이상
- **안전점검 실시자** : 「시설물안전법」 제11조에 따라 관리주체는 소관 시설물의 안전과 기능을 유지하기 위하여 정기적으로 안전점검 실시, 안전점검 책임기술자는 건축 직무분야 또는 안전관리 직무분야의 건설기술인 중 초급기술인 이상이거나 건축사일 것

2) 주요 지적사항

(1) 시설 분야

- 철골조 보 및 바닥판(데코플레이트) 부식과 주차장 철근 노출 및 부식
- 백화점 연결 육교 교각부 녹물발생 및 백화현상 발생과 백화점 옥상 누름콘크리트 동결융해 손상 발생
- 백화점 진입계단 발판의 미끄럼방지시설 미설치

  (공용계단의 발판은 논슬립패드 등 미끄럼방지시설 설치)

- 옥상 배수구 이물질 퇴적 및 배수불량과 비산우려 의자 비치(태풍 등에 비산으로 인명피해 우려됨으로 고정)

- 옥상 화단 설치 및 옥탑의 난간높이 부족 (난간높이 1.2m 이상)

- 석면제품에 대한 연 2회 이상 손상상태 미점검

(2) 전기 분야

- 옥외 가로등 등주의 미접지

- 전기실 및 비상용발전기실 냉방기, 수산코너 반찬냉장고의 누전차단기 미설치 및 누전차단기 용량 과다 (30A)

  (누전차단기 20A 사용)

- 백화점 멀티탭 비규격품 사용

- 전기실 및 비상용발전기실 전선관로인 케이블트레이 방화구획 미확보

  (방화구획 불연성 재료로 충전)

- 축전지 교체시기 초과 (축전지 3년마다 교체 권장)

- EPS실 앞 적치물 방치

- 전기관련 유관기관 비상연락망 미비치

- 정전매뉴얼 미게시

  (정전매뉴얼 직원숙지 및 현장 게시)

- 각 EPS실 특고압케이블 위험표지판 미부착
- 계측기 및 안전장구 교정시험 미실시

  (연 1회 교정, 시험 실시)

(3) 가스 분야

- 정압기실 출입문 앞 장애물 적치
- 가스누설경보기 고장 및 차단기 버튼이 유분고착으로 복귀 불량
- 미사용 가스배관 막음조치 불량

  (연소기가 연결되지 않은 배관 말단부는 안전캡으로 막음조치)

- 조리실 내 가스배관 부식 및 기계실 천장 배관 테이프 조치부위의 천장누수로 부식
- 가스검지부 먼지 퇴적
- 가스누설자동차단기 경보기와 차단부 연동제어 고장
- 배관 고정 불량 및 배관표시사항 미흡

  (배관고정 탈락여부 확인, 가스명, 압력, 흐름방향 표시)

- 도시가스 사용시설의 안전관리자 미선임

(4) 소방 분야

■ 방화셔터 작동 시 장애물로 피난 장애 및 수동 스위치 작동 불량

■ 스프링클러 헤드의 탈락으로 살수 장애

■ 튀김요리 식당의 소화기 부적합

 (식용유 사용 식당 K급 소화기 비치)

■ 방화문의 기밀성(밀폐력) 불량 및 주차장 주차차량 간섭으로 방화문 기능 장애 (방화문은 항상 닫힘 상태 유지)

■ 휴대용 비상조명등의 미점등

■ 화재 시 외국인 이용객 안내방송 확인 어려움

 (화재 시 안내방송 2개 국어 이상 실시)

(5) 승강기 분야

■ 승강기의 권상기 주도르래 및 로프의 마모와 인터폰 잡음 및 강도 낮음

■ 승강기 정전 시 비상등 미점등 및 조도 불량

■ 에스컬레이터 핸드레일 구동체인 소음 발생

■ 에스컬레이터 콤 부분 파손

■ 비상용승강기 소방관 접근 지정층 지정관리 미흡

 (소방관 접근 지정층으로 비상용승강기 자동 복귀 설정)

- 승강기 및 에스컬레이터 검사확인증 미부착
- 승강기안전관리자 미선임

(6) 보건·위생 분야

- 식품창고 식품 적재대 바닥높이 부적절
  (바닥에서 15cm 이상 높게 적재)
- 식품 운반용기 재활용 시 유통기한 초과

(7) 기타 분야

- 시설물의 안전 및 유지관리계획 미수립
  (매년 2월 15일까지 FMS 통하여 제출)
- 계획서와 시설물정보관리시스템(FMS)간 자료 불일치 및 정기안전점검 보고서 미제출 (정기안전점검 매년 2회 이상)

15. 사회복지시설

1) 개요

- **안전점검 대상** : 「사회복지사업법」 제2조제4호에 따른 사회복지사업을 할 목적으로 설치된 시설(사회복지시설, 사회복지관, 결핵 및 한센병 요양시설)

- **안전점검 시기** : 「사회복지사업법」 제34조의4에 따라 정기점검 및 수시점검 실시(시기는 규정 없음)

- **안전점검 실시자** : 「사회복지사업법」 제34조의4제2항에 따라 시설의 장은 제1항에 따라 정기 또는 수시 안전점검을 한 후 그 결과를 시장·군수·구청장에게 제출

2) 주요 지적사항

(1) 시설 분야

- 내부마감재의 탈락, 처짐, 파손 발생
- 옥상 비산우려 물품 적치
  (여름철 태풍 등으로 인한 비산으로 2차 피해 발생 우려)
- 옥상 난간높이 부족
  (옥상 난간높이는 1.2m 이상)
- 건축물 석면조사 미실시

(사용승인을 받은 날부터 1년 이내에 석면조사, 안전관리인 지정, 6개월 마다 석면건축물의 손상상태 조사)

- 고가수조 청소 미실시

  (「수도법」에 따라 연 2회(상·하반기) 고가수조 청소)

(2) 전기 분야

- 특고압 전기실 배전반 부식

  (불연성, 난연성, 방수형 사용)

- 누전차단기 미설치 및 접지 미시공

- 전기실 출입문에 위험표지판 미부착

  (전기실 출입문에는 잠금장치 및 위험표지판 부착)

- 옥외 가로등 외부부착 콘센트 노출 사용

  (물기가 있는 곳에는 방적용 콘센트(커버용) 사용)

- 전기안전관리자 직무고시 미이행

  (직무고시 '16.2.7. 시행, 점검계획 수립 및 실시 등)

(3) 가스 분야

- 압력조정기 및 계량기 직사광선과 빗물에 노출
- 가스누설경보기를 계량기 인근 설치

  (가스누설경보기는 근무자가 상주하는 곳에 설치)

- 가스보일러 전단 배관 미검사품(호스) 사용

  (가스보일러 배관은 검사품 또는 KS인증품 사용)

- 가스시설 시공자로부터 시공기록 미제출

  (가스공사가 완료되면 시공기록 제출)

(4) 소방 분야

- 스프링클러 헤드의 함몰 및 전등으로 살수장애
- 피난유도등 미설치 및 피난통로 적치물 방치

(5) 기타 분야

- 냉동온도 관리 부적정(현재 −5℃)

  (냉동온도 −18℃, 냉장온도 10℃ 이하)

- 식품보관실에 쥐약보관 및 주방바닥 파손

16. 수소시설

1) 개요

- **안전점검 대상** : 「수소법 시행규칙」 제2조에 따른 수소제조설비, 수소저장설비, 수소가스설비 등
- **안전점검 시기 및 실시자** : 안전점검 관련규정 없음

2) 주요 지적사항

(1) 수소안전 분야

- 가스취급시설, CNG, H2 취급시설에 물질안전보건자료(MSDS) 미비치 및 경고표지 미부착
- 가스취급시설에 경고표지 미부착
- 수소저장탱크 하부 스커트 개구부(밀폐공간) 출입금지 조치 미실시
- 안전밸브 전단 차단밸브 잠금 조치 미실시
- 수소트레일러 접지 집게 부식관리 미흡
- 접지시설의 외부 노출로 인한 부식
- 수소충전소 내 작업안전수칙 및 충전절차 미게시
- 아세틸렌 공병 저장소 앞 세안세척시설 안내표지 미부착

- 충전작업 중임을 표시하는 입간판 등 경계표시 미비
- 이동식수소충전소 측면에 설치된 비상정지스위치를 방폭용 비상정지스위치 인증품으로 미설치
- 이동식수소충전소 제어함 상부 작업자 이동 시 발판의 간격, 간섭 발생
- 수소충전 중 전도방지장치(체인)미체결
- 충전량에 따른 충전용기, 잔가스용기 표시 등 용기구분 표시 미비
- 미가동 압축기 등 설비에 대한 관리상태 미흡
- 가동설비(미가동설비 포함)에 대한 정기적인 작동검사 미실시
- 수소선박 충전 계류장 주변에 근로자가 안전하게 작업할 수 있는 작업공간 미확보
- 수소충전 순서 및 안전수칙 등 매뉴얼 미작성
- 수소 생산설비(추출기) 내 배관 단열 조치 파손
- 수소 안전밸브 전단 밸브 닫힘(항시 열림 상태로 유지) 및 안전밸브 방출부 빗물 등 이물질 침투 보호조치 미실시
- 튜브레일러 압축기실 및 자동차 충전소 디스펜서 하부 가스배관 피트 배수 불량
- 기화기 출구배관, 수소 생산설비 막음조치 불량

(2) 시설 분야

- 강구조 부재 및 연결부 부식
- 수전실 벽체 누수(균열) 발생
- 옥상 배수구 루프드레인 누락 및 방수도장 균열 발생
- 사무소 및 압출저장동 외부 옥상 사다리식 통로 안전사고 우려(잠금장치 설치)
- 철근, 거푸집 등 시공자재 부식 및 관리(보관) 미흡
- 에어컨 실외기 바람막이 미설치

(3) 전기 분야

- H2분전함 내 하부 전등·전열회로 누전차단기 미설치
- 수전실 내 비상용발전기 자동절체스위치(ATS) 자동전환 불량
- 수전실 내 일체형 큐비클 내 가설계량기 및 차단기 미고정
- 비상용발전기 축전지 보호커버 미설치
- 수전실 내 큐비클 내부 분진 과다
- 수전실 출입문 및 펜스 위험표지판 미부착
- 수전실 내 가연성 적치물 방치
- 수전실 내 (L-1)분전함 에어컨용 누전차단기 미설치

(4) 소방 분야

- 사무실 수신기 동작시험 시 주경종 출력 불량, 수신기 전압 28V 이상 과전압
- 사무실 3층 완강기(2005년식) 부식
- 수소광장 목재캐비넷, 목재 적재물 등 가연성 물질로 화재위험 우려
- 소화기 위치표지판 탈락
- 사무실 도어클로저 불량

17. 숙박시설을 갖춘 학교교과교습학원(기숙학원)

1) 개요

- **안전점검 대상** : 「학원법」 제2조의2제1항제1호 및 같은 법 시행령 제5조의2의 숙박시설을 갖춘 학교교과교습학원의 조건을 갖춘 학원의 시설물

- **안전점검 시기 및 실시자** : 「학원법」에는 안전점검 관련 규정이 없으며, 개별법에 따른 점검 등 실시

- **지도·감독** : 「학원법」 제16조에 따라 교육감은 학원의 건전한 발전과 교습소 및 개인과외교습자가 하는 과외교습의 건전성을 확보하기 위하여 적절한 지도·감독

2) 주요 지적사항

(1) 시설 분야

- 천장 마감재 변형(노후화) 및 유리창 파손
- 기숙사동 계단 발판의 미끄럼방지시설 미설치

  (공용계단의 발판은 논슬립패드 등 미끄럼방지시설 설치)
- 계단실 상부 옥상 출입문 입구 적치물 방치
- 옥상 배수구 전선존치로 인한 배수 불량 및 체수 우려와 배수구 주변 식생 및 바닥 마감 몰탈 박락 발생

- 건물외부 옥상 출입용 사다리식 통로 외부인 출입 가능
- 학원주변 절토부 사면 유실로 나무 등 전도 위험
- 외부 석축 이완 및 담장 전도 우려
- 배수로 내 이물질 및 보도블록 등 존치
- 에어컨 실외기 바람막이 미설치

  (배기구 2.0m 이상 또는 바람막이 설치, 주거 및 상업 지역)

- 현관 앞 장애인점자블록 들뜸
- 가설건축물축조신고필증 미비치

(2) 전기 분야

- 수전실 출입문 위험표지판 미부착 및 잠금장치 미설치
- 수전실 및 비상용발전기실 내 가연성 적치물 방치
- 비상용발전기실 내 흡기휀 비닐로 막음 및 축전지 보호커버 미설치
- 각층 EPS실 내 적치물 방치 및 잠금장치 미설치
- 급식실 등 각층 분전함 내 부식 및 분진 미제거
- 에어컨 분전함 직결회로 차단기 미설치
- CCTV 단상회로 누전차단기 및 샤워실 내 환풍기 콘센트회로 인체감전보호용 누전차단기 미설치

- 각층 EPS실내 전기온돌 분전함, 급식실 및 세탁기실 내 콘센트의 미접지
- 숙소동 외부 및 본관동 입구 콘센트 미고정
- 전기안전관리자 직무고시 미실시

(3) 가스 분야

- 보일러 배기통과 벽 사이 틈새 마감 미조치

  (폐가스가 실내로 재유입이 되지 않도록 내열실리콘 등으로 마감조치)

- 보일러 응축수 드레인 밸브 관리 미흡

  (드레인 밸브로 폐가스가 실내로 유입되지 않도록 관리 필요(실외 안전한 곳으로 배수처리 또는 일산화탄소 검지기를 설치하여 근무자 보호조치))

- LPG 용기보관실 천장 홀(개구부 4개소)로 누출된 가스가 건물로 유입 가능

- LPG 가스누출자동차단장치 검지부 위치 부적절 및 보호커버 미개방

  (검지부는 바닥에서 30센티미터 이내에 설치하여 누출된 LPG가스 검지가 양호하도록 설치)

- 다점식 제어부(경보부) 검지위치 확인 불가

  (검지장소를 알 수 있도록 제어부 신호에 검지부 위치 표시)

- LPG 용기의 재검사기한 초과 및 실내 식당 보관

  (환기가 양호한 실외에 차양조치 등 용기보호 조치를 하여 보관)

- 소형저장탱크 과충전 운영

  (소형저장탱크는 85% 이내로 충전하여 운영)

- 국솥 불대 안전캡으로 막음조치 미흡

- 냉매(프레온) 용기 옥상 방치

  (사용이 끝난 용기는 재충전금지, 고압가스용기(냉매)는 반출 후 폐기 조치)

- 가스사고배상책임보험 가입 여부 확인 불가

(4) 소방 분야

- 피난방향에 맞지 않는 피난구 유도등 설치
- 각 층별로 피난구 유도등 및 통로유도등 조도 낮음
- 기숙사동 피트층 수직관통부 방화구획 미확보

  (방화구획 불연성 재료로 충전)

- 방화문 개방상태 및 도어스토퍼 설치

  (방화문은 항상 닫힘 상태 유지)

- 방화문 퓨즈블링크 설치(방화문 퓨즈블링크 제거)
- 휴대용 비상조명등의 점등 불량

- 완강기 파괴기구 및 발판높이기 미설치
- 지하기계실 채수구용 펌프 패널 점등 불량
- LPG 가스저장시설 소화기(2개) 안전펜스 안쪽에 비치 (소화기 외부에 비치)
- 주방 내 국조리장소 자동확산소화기 충압 상태 불량
- 방염성능 소재 커튼 미비

(5) 보건·위생 분야

- 조리실내 보관 용기에 대한 식별표시(식자재, 재활용, 폐기물 등) 미흡 및 식기건조기 고무패킹 파손
- 식자재 보관창고 출입문에 식별표시 미흡
- 자외선 소독기 조리기구별 용도 안내표시 미흡 및 자외선소독기 램프 관리 미흡
- 조리실 천장에 설치된 환풍기 여과망 필터 청소상태 및 배수로 덮개 마감처리 미흡
- 조리실 출입구 문손잡이, 방충망 파손으로 해충 유입이나 번식 가능
- 조리실 근로자 출입 시 소독발판 이탈로 넘어짐 위험
- 조리실용 개인보호구 배전실에 보관

(개인보호구는 구분 보관하여 교차오염 방지)

- 워크인 냉장고 내부 비상 탈출용 버튼 고장
- 냉동고 문에 부착된 고무패킹 경화되어 열림 상태로 보관온도 기준 유지 안 됨
- 정수기 관리카드 비치하여 정기적인 점검사항 미표시

(6) 기타 분야

- 업무용 대형연소기 상부에 덕트 배기시설 미설치
- 퇴식구 측면에 설치된 분전반에 물 튀김으로 인해 부식 발생
- 퇴식구 컨베이어 벨트 문이 쉽게 개방될 수 있어 말림 위험
- 식기세척기 조작스위치 파손으로 기능 상실
- 홈페이지 교습비 게시 여부 미준수
- 교습비 경감 사유에 대한 기준 미비

18. 여객자동차터미널

1) 개요

- **안전점검 대상** : 「여객자동차법」 제2조제5호에 따른 여객자동차터미널
- **안전점검 시기 및 실시자** : 「여객자동차법」에는 안전점검 관련 규정이 없으며, 개별법에 따른 점검 등 실시

2) 주요 지적사항

(1) 시설 분야

- 지하실 벽체 및 보 균열과 천장 마감재 탈락 및 파손
- 철재 난간부식 진행 및 승강장 캐노피 연결부 용접 미실시
- 옥상 안테나 접근용 사다리식 통로 미고정
- 옥상 난간높이 및 난간살 간격 부족

  (난간높이 1.2m 이상, 난간살 10cm 이하)

- 옥상의 바닥 슬래브 국부적 체수 및 배수구 거름망(루프 드레인) 미설치
- 옥상 목재가변식 테이블 설치로 비산 우려

- 공용계단의 발판은 미끄럼방지시설 미설치

  (공용계단의 발판은 논슬립패드 등 미끄럼방지시설 설치)

- 승하차장 지붕 비가림시설 길이 부족
- 석면조사 미실시 및 후속조치 미이행

  (석면건축물은 사용승인일로부터 1년 이내 조사하여 시군구 제출, 6개월 마다(연 2회 이상) 손상 여부 조사)

(2) 전기 분야

- 옥외 가로등의 등주 및 대합실 노출 콘센트(멀티탭)의 미접지
- 에어컨의 누전차단기 미설치

  (냉장고, 세탁기, 에어컨, 옥외 조명시설, 간판 등을 포함한 금속재료 되어 있는 전기기계기구)

- 각 사무실 분전함 커버 탈락 (불연성, 난연성 제품 사용)
- 옥외 간판용 안정기 노출 (절연함 내에 설치)
- EPS실 및 케이블트레이 관통부 방화구획 미확보

  (방화구획 불연성 재료로 충전)

- 콘테이너 인입전선 시공 부적정

  (지지용 T형 애자 사용하여 시공)

- 비상용발전기 축전지 사용기간 초과(축전지 3년마다 교체 권장)

- 특고압 케이블 양단 접지(케이블 한쪽(편단) 접지)
- 전기실 출입문에 위험표지판 미부착
- 정전대비 훈련 미실시

    (정전대비 훈련 및 안전교육 후 인사담당 내부결재 조치)

- 전기실 안전장구 미비치 및 계측기 미교정

    (법적 안전장구 비치 여부 확인, 연 1회 이상 교정)

- 전기안전관리자의 직무고시 중 연 1회 이상 정밀점검 기록표 및 활선점검기록표 미관리

    (정밀점검, 열화상, 전원품질 기록표 등 관리)

(3) 가스 분야

- 미사용 가스배관 막음조치 미실시

    (연소기가 연결되지 않는 배관 말단부는 안전캡으로 막음조치 실시)

- 가스용기 전도방지체인 미설치

    (가스용기는 옥외 평평한 곳에 설치, 넘어짐 방지용 체인설치 등)

- 가스배관 미표시

    (가스명, 가스흐름 방향, 최고사용압력 등 표시)

- 지하매설배관 라인마크 미설치

(지하매설부 직상부 지면에 라인마크 설치)
- 지하주차장 가스배관 차량 충돌 가능

  (가스배관을 보호할 수 있는 방호조치)
- 가스자동차단기와 검지부 연동 및 전원 불량
- 가스검지부 고장 및 미고정
- 정압기실 자기압력기록지 관리 미흡
- 산소와 연결된 아세틸렌 및 LPG라인 역화방지기 미설치

(4) 소방 분야
- 비상대피등 적정조도 미흡
- 방화문 도어클로저 미작동

  (방화문은 항상 닫힘 상태 유지)
- 방화셔터 관리번호 표시 미흡
- 시각경보기 설치높이(1.5m) 부적정

  (2m 이상~ 2.5m 이하)
- 자동화재탐지설비 주경종 음량의 크기 부적정
- 펌프실 내 옥내소화전 기동용 수압개폐장치 압력(0.5MPa) 미달

  (수압개폐장치 압력 0.7MPa)
- 옥내소화전설비 송수구 미설치

- 비상방송설비 방송 송출이 1회로 끝남
- 계단실, 승강기쪽 피난안내도 미부착
- 공기호흡기(면체) 바이패스 개폐불량 공기 누출
- 소방안전관리자 미게시(주출입구에 소방안전관리자 게시)

(5) 기타 분야

- 차량의 이동 동선과 여객의 이동동선 불명확, 동선 중첩에 따른 위험
- 주차장 바닥에 주차선 미흡(주차선, 방향안내 화살표 표시, 서행, 천천히 진입 등 안전표시)
- 터미널 주차장 입구의 일반차량 "출입금지 표지판" 파손
- 청소작업자 등 주차장 내부 출입자 보호조치 미흡
  (안전 발광조끼 등 착용)
- 승무원휴게소에 화학물질 비치
  (화학물질은 별도 보관 장소에 보관)
- 감염병 소독기준에 따른 소독실시 면적, 장소 불명확
  (소독장소, 면적, 약품명 기록 관리)
- 시설물의 정기안전점검관리자는 35시간 이상의 교육 미이수

19. 연안여객선터미널

1) 개요

- **안전점검 대상** : 「항만법」 제2조제5호에 따른 항만기능시설의 여객이용시설

- **안전점검 시기 및 실시자** : 정기안전점검은 「항만법」 제38조에 따라 년 1회 이상 실시하고, 안전점검의 실시자는 「시설물안전법」에 따른 기술자격자로서 해당분야의 안전점검 교육을 이수한 사람

2) 주요 지적사항

(1) 시설 분야

- 옥상마감재 이음부 실링재 및 벽체 코너부 균열

- 터미널 옥상 및 각 층 베란다 부분 외부강재 마감패널 하부 부식

- 옥상 방수도장 노후화(균열, 들뜸 등) 및 연결통로 천정 누수

- 물양장(탑승장)측, 하역장측, 터미널 외측(도로측) 지반 침하 및 비가림 시설 내 전등 부식과 탈락 우려

- 출입문 비가림 시설 상부 강재 부식 및 물양장측 비

가림 시설 기둥 차량 충돌로 손상
- 옥상 출입용 사다리식 통로 등받이울 및 잠금장치 미설치
- 터미널 및 항만부지 내 일반인 차량 통제 및 제한속도 등 안전사고 방지방안 미마련
- 에어컨 실외기 바람막이 미설치
- 계단 하부 및 옥상, 대합실 TV, 의자 모서리 완충패드 미설치
- 옥상 난간높이(120cm 이상) 부족
- 계단 난간(간살간격 10cm 이내, 밟고 못 올라가는 구조) 설치 부적합 및 시인성 표시 미설치
- 피난계단 눈에 잘 띄는 밝은색 또는 형광색의 논슬립 패드 미설치
- 잔교 지점부 볼트 풀림 및 받침 부식
- 잔교 양측 접근 차단 안전펜스 미설치로 추락 우려
- 여객선 탑승용 접근장비 연결부 부식
- 터미널 지붕 상부 안테나 등 지지케이블 및 고정부 부식
- 옥상 및 외측 배수로 식생, 나뭇잎 등 이물질 적치
- 부두 내 인명구조함 정비 및 신규 추가 설치 필요

- 자동심장제세동기 설치 위치 부적합
- 옥상 테이블 등 시설물 미고정으로 비산 우려
- 창고 적치물 떨어짐 등에 의한 안전사고 우려
- 「시설물안전법」에 따른 안전점검 실시 및 FMS 등록 관리 미흡
- 「항만법」에 의한 연 1회 이상 안전점검 미실시

(2) 전기 분야

- 각 층 EPS실 케이블트레이 관통부 방화구획 미확보 (방화구획은 불연성 재료로 충전)
- 각 층 EPS실 출입문 잠금장치 미설치
- 오수처리장 분전함 내 접지버스바(접지부스바) 부식
- 선착장 분전함 내 콘센트 미접지 및 미고정
- 육상전력 분전함 내 가설콘센트 미접지 및 미고정
- 특·고압 인입 예비케이블 충전부 및 트램 내 자체제작 멀티탭(콘센트) 미접지
- 선착장 분전함 내 충전용 메인차단기 및 육상전력 단상회로 누전차단기 미설치
- 출항게이트 입구 차단기 노출 설치 및 누전차단기 미설치
- 육상전력 분전함 내 여객선회로 케이블 노후로 피복

손상

- 매표소 내 계량기 옆 자판기 분전함 1차회로 과부하로 전선 손상

- 잔교 및 가공전선 바다에 방치 및 EPS실 내 계량기 바닥에 방치

- 승선 잔교 분전반 잠금장치 미설치로 감전 위험

- 비상용발전기 축전지 보호커버 미설치 및 내용연한 확인 불가(축전지 권장 교체주기 : 3년)

- 비상용발전기 하부 엔진오일 누유

- 수전실 출입문 위험표지판 미부착 및 가연성 적치물 방치

- 터미널 옥상 피뢰침 위치와 통신주 위치가 근접되어 간섭 영향

- 전기안전관리자 직무고시 미실시

 (특·고압설비, 전기품질분석, 태양광설비, 비상용발전기 등)

(3) 가스 분야

- 가스누출자동차단장치 작동 불량
- 아르곤가스 용기보호캡 미장착 및 추락위험 장소에 보관
- 높은 렌지 미사용 점화봉(불대) 막음조치 불량
- 배관고정 불량 및 충전기한 확인불가 용기사용

- 용기와 집합대 연결 고압호스(측도관) 외피 손상 및 용기보관실 함 부식
- 부지 내 매설배관에 대한 도면표시 등 라인마킹 미표시

(4) 소방 분야

- 대합실 방역 관계자 온열기 사용으로 화재 등 안전사고 우려
- 소방차량 진입로에 펜스 설치되어 신속한 소방 활동 진입에 지장
- 옥내소화전 주펌프 하부 지지대 부식 및 주펌프 댐퍼 스위치 오동작
- 옥내소화전함 내 소방호스 및 관창 미결합
- 자동화재탐지설비 수신기의 도통시험 불량
- 경비실, 운항실 앞 지구경종 불량
- 옥탑층 방화문 도어클로저 불량
- 각 층 방화셔터 피난방향 반사도료 변색

(5) 보건·위생·산업안전 분야

- 저수조 상부 안전난간 미설치 및 사다리식 통로의 발판과 벽과의 사이 15cm 이내와 잠금장치 미설치

- 옥상 지붕 방송스피커, 안테나 설치 구조물 사다리식 통로 설치기준 미흡 및 등받이울 미설치

- 기계실 출입계단 안전난간 미설치 및 기계실 저수조 바닥에 설치된 배관 위 이동통로 건널다리 또는 덮개 미설치

- 승선 잔교 입구 측면 안전난간 미설치

- 펌프실과 기계실로 통하는 지하 이동통로에 설치된 계단의 사다리 상단 걸쳐놓은 지점으로부터 60cm 이상 미흡 및 개구부 떨어짐 위험 안전난간 미설치 (깊이 2m 이상)

- 공조기 내부 필터 유지·보수 시 전동기(모터) 회전축 방호덮개 미설치

- 윤활유 옥외 저장창고 물질안전보건자료(MSDS) 미비치

- 천장 에어컨필터 위생관리 미흡 및 냉·온수기 이력카드 미작성과 소독 미실시

- 식당 환기시설 방충망 미설치 및 조리실 유해가스 배출용 환기시설 설치 미흡

- 자외선 소독기 램프 고장

- 유통기한 초과한 식품 미폐기

20. 월드컵경기장

1) 개요

- **안전점검 대상** : 「체육시설법」 제2조제1호에 따른 체육시설 중 월드컵경기장 시설

- **안전점검 시기** : 「체육시설법」 제4조의3에 따라 정기적 실시, 체육시설안전점검 지침에 따라 사용승인일로부터 6개월에 1회 이상 실시

- **안전점검 실시자** : 재난관리책임기관의 장은 체육시설 특성 및 점검 목적에 맞추어 해당분야(시설물 분야, 소방시설 분야, 체육시설법 관련 규정 준수 분야) 공무원(담당자)과 민간전문가 등으로 점검반을 구성하여 안전점검을 실시

- **기타사항** : 「시설물안전법」에 따른 제1종 및 제2종시설물은 관계법령에 따라 안전점검 시기 및 실시자 적용하여 실시

2) 주요 지적사항

(1) 시설 분야

- 방송용 데크발판(철판) 부식으로 단면 결손

- 지붕 조명등 접근용 캣워크 난간을 와이어로 설치 및 캣워크 출입문 일반인 출입 가능

  (캣워크는 일반인이 출입이 불가능하도록 잠금장치 설치)
- 관중석 충고 변화구간에 설치되어 있는 목재계단 발판 부식
- 슬래브 및 보 연결부 누수로 인한 백화현상 및 도장 박리
- 배관보호재 풀림방지 밴드 탈락
- 시설물 신축이음부 커버 일부 들뜸
- 선수단 차량 주행로 건널목 구간 연석 시인성 부족
- 관람석과 경기장 사이 추락망지망 미설치
- 전광판 난간높이 부족(난간높이 1.2m 이상)
- 경기장 관람석 최상단 지붕구조물(기둥) 충돌 및 걸림 사고 우려 (지붕구조물의 기둥에 시인성 표시)
- 실내외 계단 및 단차 부분 시인성 부족

  (넘어짐 사고가 없도록 시인성 확보)
- 에어컨 실외기의 바람막이 미설치

  (바닥으로부터 2.0m 이상 높게 설치 또는 바람막이 설치)
- 앵커 장력 손실률 초과 우려 및 경사계 기준치 초과
- 앵커 손실률 10% 초과 후 장력 조정률 이행한 상태로 유지관리 미흡

- 지붕구조물 계측관리는 실시간으로 자료가 축적될 수 있도록 계측 미실시(자동계측시스템 구축)
- 안전점검보고서 상 변위부위 집계표 개략공사비 집계표 미작성

  (집계표 작성하여 보수 우선순위 선정 가능)

(2) 전기 분야

- 옥외구내 전체 가로등 안정기 및 등주 외함의 접지접속 불량
- 시스템 냉온풍기의 누전차단기 미설치

  (냉장고, 세탁기, 에어컨, 옥외 조명시설, 간판 등을 포함한 금속재로 되어 있는 전기기계기구 누전차단기 설치)
- 주경기장 조명용 케이블보호 덕트 고정상태 불량
- 전기배관실(EPS) 케이블 관통부 방화구획 미확보

  (방화구획 불연성 재료로 충전)
- 주경기장 조명 점검구용 노출콘센트 방적용(방수형) 미사용

  (욕실 등 물기가 있는 곳에 방적형 콘센트 사용)
- 정류기반 축전지 노출(축전지 보호커버 설치)
- 비상용발전기외함 및 중성점의 미접지
- 비상용발전기실 방화문 개폐 불량

- 공동구 케이블트레이 전압 미표시
- 절연화, 절연장갑, 특고압검전기 등 안전장구 현장 미비치
- 계측기 교정 미실시(국가표준기본법 제14조 및 국가교정기관지정제도운영요령 제41조에 따른 성능유지시험 실시 여부 확인)
- 공동구 사다리식 통로의 등받이울 미설치

  (산업안전보건법에 따른 7m 이상 사다리식 통로는 등받이울 설치)

(3) 가스 분야

- 정압기실 내 비방폭 설치(화재감지기)

  (화재감지기 및 배선의 전기방폭기준(KGS Code GC102)을 준수)

- 정압기 2차측 설정압력 부적절

  (정압기 조정압은 최고사용압력(40KPa) 이하로 설정)

- 이상압력 통보장치 상한 및 하한값 설정 부적정

  (상용압 2.5KPa인 경우 상한 3.2KPa 이하, 하한 1.2KPa 이상, 그 외 상한 상용압의 1.1배 이하, 하한 사용압의 0.7배 이상)

- 압력기록장치 1차압 지시값 부정확

- 정압기 방출관 주변 나무로 가스방출 방해 및 화재위험 존재
- 가스누출차단장치의 제어부 상태 확인 및 접근 불가
- 온수보일러 배기통 벽관통부 막음조치 불량
- 흡수식 냉동기 일부압력계(1개) 지시값 부정확
- 도시가스배관 일부 구간 차량 추돌 위험 존재
- 가스설비 도면 및 연소기 현황 자료 미보유

    (도면 및 설비리스트 등 가스관련 서류 최신본으로 유지·관리)

(4) 소방 분야

- 보일러실 출입문 유도등 미설치 및 기계실 앞 복도에 피난구 유도등 설치(복도에 통로유도등 설치)
- 복도 출입구 부근 피난 유도등 인식 시 어려움 초래
- 방화문 자동폐쇄장치 폐쇄력 불량
- 스프링클러 헤드의 벽으로부터 10cm 이내 위치 부적합 및 이격거리 초과, 미설치
- 기계실 스프링클러의 상·하향식 헤드 차폐판 미설치
- 소화전, 스프링클러설비 각 "충압펌프"표기가 "예비펌프"로 표기

- 펌프 토출구 압력계를 체크밸브 이후 설치
  (압력계를 체크밸브 이전 설치)
- 주펌프는 자동으로 정지되는 구조
- VIP실 주방 및 관중식당 주방에 K급 소화기 미비치
  (식용유 사용 주방에 K급 소화기 비치)
- 옥내탱크저장소 방류벽 균열 및 방폭등 미점등

(5) 승강기 분야

- 권상기 도르래 보호조치 미실시
- 승강기 내 이용자 안전수칙 노후
- 승강기 앞 장애인용 점형블록 미설치 및 승강장 바닥 공사로 인한 단차 발생
- 승강장 문닫힘 대기시간 10초 미유지 및 비상통화장치 연결음 미약
- 정전 시 비상등 미점등 및 승강기 출발, 주행 시 쇼크(진동) 발생
- 자동구출운전장치 작동 불가
- 균형체인의 고정은 양호하나 추가적인 고정장치 설치(추락방지)
- 기계실·기계류 공간 출입문 경고문 미부착

- 승강기 설치검사를 받은 날부터 21년이 지나 세 번째 실시하는 정밀안전검사에 추가적인 승강기 부품 또는 장치를 의무적으로 미설치
- 승강기의 고장수리 및 승강기 부품의 교체 내용을 고장·수리일지에 미기록

(6) 기타 분야

- 수영장 지하 2층 염산탱크 누출 시 연소가스 확산 및 수질 오염 우려(방류벽 설치)
- 공조기 필터 교체시간 경과 등 관리 미흡
- 식당가 천장 에어컨 먼지 퇴적
- 야외 화장실 내부에 락스 등 소독약품 비치

  (별도 창고에 관리)
- 축구박물관 유니폼 전시장 곰팡이 등 세균, 미생물 발생
- 소독증명서의 대상시설에서 소독면적 기록 누락

  (실제 소독실시 면적을 기록한 증명서 비치)

21. 위험물제조소

1) 개요

- 안전점검 대상 : 「위험물관리법」 제2조에 따른 제조소, 저장소, 취급소 등
  - 제조소등
  - 지하탱크저장소
  - 이동탱크저장소
  - 위험물을 취급하는 탱크로서 지하에 매설된 탱크가 있는 제조소·주유취급소 또는 일반취급소

- 안전점검 시기 및 실시자 : 「위험물관리법」 제18조에 따라 제조소등의 관계인은 당해 제조소등에 대하여 연 1회 이상 정기점검을 실시
  - 정기점검 실시자는 「위험물관리법 시행규칙」 제67조에 따라 제조소등의 관계인은 법 제18조제1항의 규정에 의하여 당해 제조소등의 정기점검을 안전관리자(제65조의 규정에 의한 정기점검에 있어서는 제66조의 규정에 의하여 소방청장이 정하여 고시하는 점검방법에 관한 지식 및 기능이 있는 자에 한한다) 또는 위험물운송자(이동탱크저장소의 경우에 한한다)로 하여금 실시

2) 주요 지적사항

(1) 위험물제조소 시설 분야

- 부속설비 이음부 체결용 나사 미체결
- 저장탱크 하부 기초연결부 저판 및 용접부 부식
- 배관 이음부 체결용 나사 축선 비정렬 및 포모니셔터 설비 설치위치 부적정
- 콘크리트 방유제를 관통하는 배관의 슬리브 배관 사용 등 보호조치 미흡
- 휘발유, 경유 등을 저장하는 탱크지역 내 누출 시 초기 감지를 위한 감지장치 미설치
- 휘발유, 경유 등을 이송하는 배관에 유체 이름과 흐름 방향 등 미표기
- 휘발유 입고 펌프 전동기가 비방폭형으로 설치되어 휘발유 누출 시 점화원이 될 수 있으므로 방폭형으로 교체
- 저장탱크 펌프지역에서 사용하는 공구가 비방폭용 사용
- 창고시설의 콘크리트 균열, 박락 및 철근노출, 배수관 탈락 등 노후화
- 배수로 및 유분리장치 토사 퇴적
- 정비고에 설치된 중고 공기저장탱크 압력용기 안전검사 미실시

- 물분무설치 헤드 막힘
- 방유제 내부 적치물 존재
- 정비용 이동식 조명기구의 방폭성능이 미유지 및 현장에서 사용하는 공구가 비방폭용
- 외부 옥상 출입용 사다리식 통로 잠금장치 미설치로 안전사고 우려

(2) 전기 분야

- 수전실 케이블트레이 방화구획 미확보(벽 관통부위 불연성 재료로 충전)
- 샤워실 콘센트 전원은 고감도누전차단기 미설치(고감도누전차단기 : 감도전류 15mA, 동작시간 0.03초)
- 비상용발전기 축전지 보호커버 미설치 및 교체주기 경과(권장 교체주기 : 3년)
- 수전실 출입문 특고압 위험표지판 미부착
- 방유제 외각 분전함 잠금장치 파손
- 가로등 외부충격으로 파손
- 주배전함(탱크용) 외등 메인차단기 누전차단기 미설치
- 사무실 배전함 메인차단기 인입케이블 과부하로 인한 탄화(전선 케이블 CV16㎟→CV25㎟)

- 창고벽면 주유기 분전함 누전차단기 미설치 및 배선 부적정
- 방폭지역 인근 파이프라인 본질안전방폭형 분전함 미설치

(3) 가스 분야

- 충전기한 만료된 LPG용기('17.05.)와 아텔렌용기('03.04.) 보관 및 사용(안전점검 : '21년)
- LPG가스누출차단기 검지부 바닥면에서 2m 높이에 설치(감지기 높이 : 0.3m 이내)
- 양압식 공기호흡기 충전기한 만료
- 가연가스(LPG)와 조연성가스(산소) 구분 보관하지 않고 혼합 보관

(4) 보건·위생 분야

- 조리장 환기시설 해충 유입 차단 미흡
- 식당 자외선 살균 소독기 램프 고장
- 조리장 환기시설 관리 미흡
- 대형냉장고(워크인냉장고) 외부에 설치된 온도제어기 전원공급상태 표시등 고장 및 온도편차 관리 미흡
- 조리기구 전용 전기소독기의 고장 및 문 파손 등 관리 미흡

- 조리장 작업자 이동통로 적재물로 인해 간섭
- 컨베이어벨트 제어기 전원공급 상태 표시등 고장
- 작업자 조리용 개인용 안전화 내외용 구분없이 보관

22. 위험물하역시설

1) 개요

- **안전점검 대상** : 「선박입출항법」 제34조에 따른 위험물하역시설
- **안전점검 시기 및 실시자** ; 관련법에는 안전점검 및 실시자에 대한 규정 없음
- **기타사항** : 「시설물안전법」, 「건축물관리법」, 기타 개별 법령에 따라 안전점검 실시

2) 주요 지적사항

(1) 시설 분야

- 도교 받침장치 받침 모르타르 파손
- 트럭출하시설 상부 슬래브 하부 표면 열화 및 균열
- 부두 파이프랙 강박스 거더 상부 연결부 볼트 누락
- 접안부 작업장 상부 우수 체수와 철골 기초부 균열 및 파손
- 선석 메타링 지역 내화콘크리트 파손

(2) 전기 분야

- 전기기기 외함 접지선 분기점 접속 불량

  (접지선 분기점에 압착 슬리브 등 접속재료 사용하여 견고히 접속)

- 용접기용 가설 케이블 접속 불량

  (접속함 내 케이블 접속)

- 계기류 금속제 외함 및 창고용 컨테이너의 미접지
- UPS실 하역조정실 냉방기 지락보호장치 미사용
- UPS실 케이블트레이 관통부분 방화구획 미확보

  (방화구획 불연성 재료로 충전)

- 변전실 메인 차단기용 보호계전기 정지 상태
- 메인 PNL 전압계 표시능력 부족(400V용)

  (사용전압(400V) 이상 표시가 가능한 전압계 사용)

- 변압기 절연유 PCBs 함유 관련 주의사항 표지 미부착

  (오염기기(변압기) 외함에 안전관리 상 주의사항 표지 부착)

- 쉘터 외부 방폭전선 분기함 커버 탈락
- 전기실 출입문 하부 부식 진행 및 손잡이 파손
- 계측장비 검·교정 미시행 (연 1회 검·교정 후 사용)

(3) 가스 분야

- 가스폭발 등 사고 발생 우려가 있는 장소의 창문은 안전유리 사용 또는 안전필름 시공 미실시
- 방폭구역 내 방폭 공구 미사용
- 안전밸브 방출관 고정조치 미흡

    (가스 방출 시 배관 진동에 의한 파손 방지 등을 위해 방출관 고정 조치)

- 조경유 배관 드레인 밸브 마감 미비

    (조경유 배관 드레인 밸브 후단 블라인드 마감 조치)

- 이종 금속 연결부 탄소강 플랜지 부식 진행
- 프로필렌 라인 안전밸브 미설치
- C3, C4 line 온도센서 방폭 실링 미비

    (Sealing Fitting 또는 방폭형 케이블 그랜드 설치)

- 내화도장 일부 불량
- 세안설비 청결 미유지

    (세안설비는 긴급 시 즉시 사용가능하도록 상시 청결 유지)

- 전기방식 자체 점검 기록 확인 불가

    (전기방식 전위측정은 주기적으로 측정·기록 관리)

- 긴급 차단밸브 내부 시트 누설 및 구동 시간 점검 미실시

(긴급 차단밸브 점검 시 내부 시트 누설 및 구동 시간 점검·기록)

(4) 소방 분야

- 부두 방수포 소화설비 작동 유압유 수분 유입
- 하역장 내 축압식 차륜형 20kg 대형소화기 충압 불량
- 선석 위험물 취급 게시판 지정 수량 미기재
- 배관 지지대 시멘트 변이 및 플랜지 볼트 방유제 변이 주기적 점검 미실시
- 기자재 창고 비치물품 목록표 미작성
- 이송취급소 기자재 창고 방화복 2벌 미비치
- 순찰차 기자재 내 물품 목록표 미작성 및 가스 탐지기 미비치
- 옥외저장소 방류벽 파손

(5) 기타 분야

- 하역 호스 압력테스트 관리를 위해 외부 전문가 TEST 기관 등을 통한 인증 여부 미확인
- 안전장비 중 가스마스크 및 비상용 방독면 필터 유효기간 만료
- 안전관리계획 비상연락망 체계도에 현재 "해상기름유출"

만 명시되어 있어 세분화 필요

(기름유출, 화재, 폭발 등 다양하게 세분화)

- 안전관리계획 유형별 긴급사태 시나리오 신고처 등 현행화 미실시 및 비상연락망 현장 미비치

(기름유출사고, 선박사고 신고처 현행화)

23. 전력·가스시설

1) 개요

- 정기검사 대상
  - **전력시설** : 「전기안전관리법」 제11조에 따른 전기사업용전기설비, 자가용 전기설비
  - **가스시설** : 「고압가스법」 제4조에 따른 고압가스의 제조허가를 받은 시설

- 정기검사 시기
  - **전력시설** : 전기사업용 전기설비의 내연기관계통 4년 이내, 비상용발전기계통 2년 이내, 자가용 설비의 내연기관계통 4년 이내, 비상용예비발전기 2년 이내
  - **가스시설** : 「고압가스법 시행규칙」 제30조제2항에 따라 고압가스특정제조사 매 4년, 가연성가스·독성가스·산소의 제조·저장·판매자 매 1년, 불연성가스 제조·저장·판매자 매 2년

- **기타사항** : 안전점검 대상, 시기, 실시자에 대하여 개별 법령에서 규정하고 있지 않음

2) 주요 지적사항

(1) 시설 분야

- 선박 접안부 도교의 콘크리트 균열 및 교각 거더 간격 불균형
- 원료(LNG) 이송배관 설치시설 내화벽 파손
- 신축이음부 차수(배수)시설 미설치와 콘크리트 균열(누수) 및 열화 발생
- 상부 슬래브 기존 배관 폐기부 누수 및 하부 배관 설치부 부식
- 폐수처리장 등 배관 보호대 미설치

  (배관에 대하여 차량 등으로부터 손상 예방을 위한 보호대 설치)

- 폐수처리장의 점검로 바닥 훼손 및 철골기둥 주각부 베이스플레이트 부식
- 저장탱크 하부 체수 및 콘크리트 표면 결로 발생
- 외부 강재골조 및 배관부 부식, 표면 오염
- 태양광발전설비의 사면 유실(골패임) 발생과 내·외부 배수로 유실 및 막힘, 패널 기초 콘크리트 토사유실로 공동 및 울타리 펜스 전도
- 발전소 설비 기초 및 벽체부 콘크리트 균열

- Hypo 저장탱크 안전관리 미흡

  (임의 출입구 통제 및 경고표지 설치)

- 계단의 발판은 미끄럼방지시설 미설치

  (공용계단의 발판은 논슬립패드 등 미끄럼방지시설 설치)

(2) 전기 분야

- 지중전선로 맨홀 내 연소방지설비 미설치
- 전력용 콘덴서 외부변형 감지 가능한 암스위치 차단장치 미설치
- 전기배관실(EPS) 적치물 보관 및 전기 배관실과 분전반 잠금장치 미설치

  (EPS실은 항상 점검이 가능하도록 관리)

- 비상용발전기실 분전반 및 구내식당 전기기계기구의 누전차단기 미설치
- 전기실 케이블트레이 점유면적 초과 케이블 시공 및 케이블트레이 방화구획 훼손(방화구획 불연성 재료로 충전)
- 특고압 수전실 보호울타리 위험표지판 미부착
- 옥외가로등 LED컨버터 미고정 및 미접지
- 변전소 내 철재구조물 접지 미시공 및 보호울타리 미설치

  (변전설비와 일반설비 분리하기 위한 보호울타리 설치)

- 전기설비의 절연 및 접지저항 미측정
- 전기실 안전장구(검진기) 미비치

(3) 가스 분야

- 압축기 토출 안전밸브 전단 플랜지 볼트체결 미비
- 출입구 주변 기둥에 아르곤용기 임시보관
- 암모니아 기계실 입구 방독면 필터는 밀봉관리 및 개봉 날짜 미표기
- 운전실 바닥 케이블 화재에 대비하기 위한 연기 불꽃감지기 미설치
- 압축기 진동센서 케이블 마감 미비 및 지역 안전밸브 전·후단 잠금 미조치

  (방폭기기 내부로 가연성가스 침투를 막기 위한 실링피팅 또는 케이블그랜드로 마감)

- Flare stack의 용량 계산 시 2개의 변전소와 기지의 Mcc에서 각기 전원을 공급받으므로 Total Power faileure와 Local Power faileure로 구분하고, 화재케이스에 대한 배출용량 계산하여 미관리(Flare load Summary에 대하여 수정)
- Jetty 구조물의 방식측정 결과 3개 point가 관리기준을 초과하고 있으나, 나머지 4개가 관리기준을 만족하고 있

으므로 관리기준 초과에 대하여 점검절차서에 반영하여 관리되도록 미보완 (관리기준 초과에 대하여 관리방법 적용)

- Pyrite 트렌치 내부 이물질(석탄) 제거 미비
- 3발전소 열교환기 기초 설치 부적절

  (열교환기 서포트는 신축에 대응하여 슬라이딩부 볼트 느슨하게 체결)

- 집진기 Bag Filter의 차압관리는 상시 모니터링 또는 1차 경보조치 불가능
- 방폭지역 내 비방폭설비 설치
- 보온재 부식관련 NG배관 및 Gas Heater 등 관리를 위하여 부식 취약부 선정 후 두께 추적관리 미실시
- 가스 누설의 경우 등 이상 발생 시 가스공급을 차단할 수 있도록 가스누설 원격감시 시스템에 인터록 기능 미보완

  (가스누설 원격감시시스템에 인터록 기능 설치)

- 비상훈련 시나리오에 피해예측 미반영

  (시나리오에 암모니아, 메탄 누출피해 반영 및 보호장구 착용 후 훈련 실시)

(4) 소방 분야

- 스프링클러 송수구에 사용압력 미표시
- 옥내소화전의 관창 미연결 및 소화전 문구 미부착, 동력제어반 미표시
- 옥내소화전 방수구 덮개 탈락 및 부지 내 옥외소화설비의 소화전함에 소화전으로만 표시(옥외소화전으로 표시)
- 사무동 탕비실 차동식감지기 미설치
- 사무동 분석실 출입구 피난유도등 미설치
- 소화설비 펌프 설비별 미표시

    (주펌프, 내연펌프 등 설비별로 표시)

- 공기호흡기 분기 1회 점검 및 점검표 미부착
- 발전소 연료설비-물분무소화설비 1차, 2차 밸브 잠김

    (1차측, 2차측 밸브 개방)

- 외부에서 산불 발생할 경우 방재센터 옆 ESS설비로 연소 확대 우려가 있어 워터스크린 미설치
- 에어컨실외기와 소화전 미이격 설치

    (화재 시 소방간섭이 발생하지 않도록 이격하여 설치)

(5) 기타 분야

- TT31A 테이크업 부분의 청소용 진공배관이 통로/ 작업

경로에 있어 충돌 위험 존재

(배관의 말단부를 작업자의 머리와 접촉하지 않게 높이거나(최소 1.8m 이상) 기둥으로부터 이동 설치)

- TT31A 옥외주차장으로 낙탄이 발생하고 있어 낙탄이 옥외주차장으로 떨어지지 않도록 컨베이어 하단부 밀폐 등 미조치
- 외부에서 내부로 들어오는 발판이 있으나 견고하지 못하고 끝부분에서는 전기트레이 박스를 밟고 이동하게 설치
- 안전작업허가서 분석·평가하여 체계적인 관리 미흡

(공사 중 발생할 수 있는 중대사고 예방관리에 반영)

24. 전통시장

1) 개요

- **안전점검 대상** : 「전통시장법」 제2조제1호에 따른 전통시장(전기·가스·화재 등에 관한 안전시설물, 비 가리개, 창고, 상인교육시설 등 공동시설, 점포, 주차장, 고객지원센터 등 고객편의시설, 그 밖에 중소벤처기업부장관이 정하여 고시하는 시설)

- **안전점검 시기** : 「전통시장법 시행령」 제9조의2제4항에 따라 3년마다 1회 이상 정기점검을 실시

- **안전점검 실시자** : 「전통시장법 시행령」 제9조의2제4항에 따라 중소벤처기업부장관, 시·도지사 및 시장·군수·구청장

2) 주요 지적사항

(1) 시설 분야

- 전통시장 아케이드의 기둥 미설치 및 지붕의 고정상태 불량

  (태풍 등으로 비산의 우려가 있으므로 고정)

- 아케이드 상부 지붕프레임 미연결 및 빗물받이 단면 부족

- 기둥 주각부의 부식 및 기둥부식으로 인한 절단
- 기둥 중심축 및 기둥 열 불일치
- 스페이스 프레임(지붕구조) 힌지 및 프레임 부식
- 전주(電柱) 균열 및 기울음
- 기둥 단차균열 및 탈락 등 발생
- 명판 조형물 하부 부재 손상
- 보행로 보도블록 손상
- 상인회 사무실 1층 복도측 기둥부 볼트체결 불량 및 파손
- 보행로 안전펜스 임의 철거
- 상인회 건물 계단 미끄럼방지시설 및 식별표시 미설치
- 고객지원센터 천장부 누수 및 마감재 파손
- 아케이드 상부 누수 및 부식, 손상
- 아케이드 강재 기둥 본체 및 받침부 부식
- 콘크리트 박락 및 철근 노출
- 강부재 부식 및 바닥 방수재 파손
- 아케이드 강부재 시공불량 및 수평재 볼트체결 불량
- 옥상층 바닥 및 난간 균열
- 벽체 및 기둥부 균열과 지하 3층 보 내화재 탈락

- 지하 3층 슬래브 하면 및 벽체 외부 균열
- 주요 구조부 균열에 대한 보수·보강 조치 미흡
- 옥상 의자 등 미고정으로 비산 우려
- 옥상 엘리베이터 기계실 사다리식 통로 추락 위험
- 주출입구 등 장애인 유도블록 미설치
- 「시설물안전법」에 따른 시설물의 안전 및 유지관리 계획 수립 미흡

(2) 전기 분야

- 누전차단기 미설치 및 노후, 분진 과다

  (냉장고, 세탁기, 에어컨, 옥외 조명시설, 간판 등을 포함한 금속재료 되어있는 전기기계기구)

- 차단기 용량과다(30A) (차단기 20A 사용)
- 콘센트 미접지 및 전기 차단기를 분전함 내 미설치

  (전기차단기는 난연성 분전함 내 설치)

- 분전반 앞 적치물로 점검 불가
- 분전함 외부로 전선 인출 부적정 및 누전차단기 미고정
- 비규격 전선사용 및 난잡 배선

  (규격전선 사용, 옥외배선 바닥노출 불가, 전선관 내 시공)

- 콘센트회로 비닐전선 사용 부적정 및 미접지
- 전등 스위치 회로 비닐전선 사용 부적정
  (한국산업표준(KS)에 적합한 비닐 절연전선으로 교체)
- 콘센트 접촉 불량으로 탄화
- 정식 규격제품이 아닌 비매품 전기패널 사용
- 천장 형광등 기구 탈락
- 비상용발전기 축전기 보호커버 미설치
- EPS실 벽·천장 케이블트레이 관통부 방화구획 미확보
  (방화구획은 불연성 재료로 충전)
- 수전실 내 안전장구 미비치 및 특고압 위험표지판 노후
  (검전기, 케이블 접지용구(3상용), 특고압 고무장갑)
- 전기안전관리자 직무고시에 따른 전기설비 측정 및 저압 절연과 접지저항 미측정

(3) 가스 분야

- 가스누출자동차단장치 미설치 및 불량
- 가스검지부 전원 꺼짐
- 금속배관 미사용 및 호스 'T' 사용
  (호스 3m 초과 시 강관사용, 호스를 T자 형태 사용 불가)

- 조정기~연소기 전단밸브 구간 금속재 배관 미사용
- 미검사 가스용품 및 물기 많은 곳 배관 도색 미흡

  (검사품 또는 KS인증품 사용, 배관은 황색 도색 또는 기타 도색 후 황색이중안전띠로 표시)

- 미사용 가스 배관 막음조치 미흡

  (연소기가 연결되지 않은 배관 말단부는 안전캡으로 막음조치 실시)

- 이동식 가스난방기의 보호커버 탈락
- 압력조정기 및 퓨즈콕의 기름때 오염
- 가스용기 옥내 보관 및 전도방지 체인 미설치

  (가스용기는 옥외 평평한 곳에 설치, 넘어짐 방지용 체인설치)

- LPG완성검사 미실시
- 가스밥솥 높은 렌지에 임의 설치
- 점화봉(불대) 및 퓨즈콕 막음조치 불량

  (미사용하는 연소기는 플러그 또는 캡으로 막음조치)

- 배관 고정장치 미설치
- 용기보관실 재질 부적정 및 미설치(200kg사용)

  (불연성재질의 용기보관실 설치)

- 질소용기 보호캡 미장착 보관

(4) 소방 분야

- 자동화재탐지설비의 수신기의 단선, 주경종 동작 불량
- 소화기함, 발신기, 비상소화장치, 시각경보기 앞, 연결살수송수구 주변의 적치물 방치
- 소화전함 호스와 노즐 미연결
- 분말소화기 미비치 및 내용연수 초과, 충압불량, 위치표시 미부착 (분말소화기는 점포 33㎡ 이상 비치, 분말소화기 내용연수 10년, 충압 정상유지 및 위치표시 부착)
- 소방차량 통행 장애 (황색실선 밖으로 좌판 설치)
- 소방시설 현황(비치)도 작성 미흡
  (소화기, 경보설비, 소화전 위치 등)
- 상인회 사무실 피난유도등 멸등
- 소화기 충압불량 및 눈에 쉽게 띄지 않는 곳에 보관
- 이동식 등유난로를 손수레 상부에 설치
  (이동식 등유난로를 가연물이 없는 평평한 바닥에 고정 설치 후 사용)
- 점포 간 칸막이를 가연성 자재를 사용하여 구획
- 돈까스, 빵집 등 K급소화기 미비치
- 가압식분말소화기 비치(가압식분물소화기 폐기 처리)
- 방수기구함 앞 통로 미확보 및 방수기구함 내 소방호

수와 관창이 방수구와 미연결

■ 스프링클러 헤드 살수반경 장애

■ 비상소화장치함 앞 및 방화셔터 아래 장애물 적치

■ 인명구조 공기호흡기 충전기한 만료

(5) 보건·위생·산업안전 분야

■ 조리기구 및 점포 출입구 바닥 청결 미흡

 (조리기구 및 전통시장 내 동물변 등 청결 관리)

■ 냉장고 쇼케이스 내 온도계 미설치

■ 대형냉장고(워크인냉장고) 내부 탈출용 비상버튼 고장

■ 가판대 위 식품진열 덮개 미사용으로 파리 등 오염 우려

■ 진열상품에 원산지 표시 미흡

■ 조리장 환기시설에 방충망 미설치 및 환기시설 청소 관리 미흡

■ 자외선 소독기 고장

■ 청과물 저온창고 상부 안전난간 미설치 및 사다리식 통로 상부 60cm 이상 설치 미흡

■ 저수조 상부에 안전난간 미설치 및 사다리식 통로 등 받이울 미설치

- 저수조 외부로부터 오염물질 유입 방지를 위한 잠금장치 미설치
- 저수조와 기계실 사이 건널다리 또는 작업발판 미설치
- 냉·온수기 소독 및 이력관리 미실시
- 천장에 설치된 에어컨 필터청소 미흡

(6) 기타 분야

- 식품 가공기계(마늘기계, 절단용 작두 등) 청결 미흡
- 전통시장 화재공제 가입률 저조
- 「전통시장법」 제65조제4항에 따른 안전관리계획 미수립
- 상인대상 주기적인 안전교육 미실시
- 개별 난방기구 사용 시 소화기구 미비치
- 공영주차장 차로 주변 장애물 적치로 안전사고 우려
- 소화기 위치와 안내표지 상이

25. 종합병원

1) 개요

- **안전점검 대상** : 「의료법」 제3조의3에 따른 종합병원 (100개 이상의 병상을 갖출 것)
- **지도와 명령** : 보건복지부장관 또는 시·도지사는 보건의료정책을 위하여 필요하거나 국민보건에 중대한 위해(危害)가 발생하거나 발생할 우려가 있으면 의료기관이나 의료인에게 필요한 지도와 명령을 할 수 있음
- **기타** : 안전점검 시기 및 실시자는 별도 미규정 하였으며, 「시설물안전법」 및 「건축물관리법」 등을 준용하여 실시

2) 주요 지적사항

(1) 시설 분야

- 외벽 콘크리트 및 천장재(텍스) 손상과 탈락 우려
- 건물 옥상 비산물건 적치

    (태풍 등 비산이 발생하지 않도록 고정)
- 집수정 덮개 부식
- 다중이용시설 위기상황 매뉴얼 작성 상태 미흡

    (가스 누출 등 위험 유형의 반영)

- 옥상 진입용 철재 구조물이 낮아 머리 충돌 위험

  (머리조심 경고 표지판 및 충격완화 패드 등 미설치)

(2) 전기 분야

- 옥상 간판회로의 누전차단기 미설치

  (외부 환경에 노출된 간판회로는 전기설비기술기준에서 정한 누전차단기 설치)

- 본관 옥상 낙뢰 수뢰부 접속부 탈락

  (수평도선 간 접속부 결속 상태 확인)

- 전기실 사용전압(22,900V)에 맞는 안전장구류(보안경, 검전기, 고압절연장갑) 미비치 및 수량 부족

  (상시근무 인원별 안전장구류 구비 여부 확인)

- 전기설비 점검용 계측기 정기교정 미실시

  (점검용 계측기는 연 1회 이상 정기교정 실시 여부 확인)

- 전기안전관리자 직무고시에 의한 안전관리 규정 미작성 및 표준서식 미사용

  (산업부 고시에서 정한 전기안전관리규정 및 연간점검계획 수립)

(3) 가스 분야

- 이동식 의료용 산소용기 충전기한 초과
- 마취용 아산화질소 가스 배관 사용하지 않는 부분 배관 막음조치 미실시

  (사용하지 않는 배관은 안전캡으로 막음 조치 실시)
- 지하식당 조리실 다단식 취사기구 주변 가스검지기 미설치
- 직원식당 조리실 내 물기 접촉부분 가스배관 부식방지 도색 미흡

(4) 소방 분야

- 화재감지기 미설치

  (소방관련 법령에 따른 화재감지기 설치)
- 유도등이 3선식(상시 OFF, 동작 시 ON)으로 설치

  (피난용 대피등은 2선식으로 상시 점등)
- 소방계획서상 피난계획이 세부적으로 수립되어 있지 않고, 사고 시 대응이 어려운 형태로 자위소방대 편성

  (피난계획 작성 시 개인별 상세임무(장애인, 노약자 등)를 부여하고, 자위소방대 편성은 팀별 편성이 아닌 근무 장소(층별) 기준 편성)
- 당해 연도 소방안전관리위원회 미개최

(연 1회 소방안전 및 예방을 위한 소방안전관리위원회 개최)

(5) 승강기 분야

- 승강기 승강장에 고유번호 미부착
- 승강기 비상통화장치 통화 불량
- 기계실 내 권상기 및 조속기 보호커버 제거

(6) 의료 분야

- 보건소와 병원의 방사선 관계 종사자, 방사선 진단용 X-선 발생장치 등 정보 불일치
- 퇴직자에 대한 누적 피폭방사선량과 건강검진 내역 미발급
- 방사선 발생장치의 1주당 최대 동작부하와 최대 촬영 건수에 대한 명시가 의무화되어 있으나, 병원의 누적 부하에 대한 관리가 없음
- 방사선 관계 종사자 변경사항 발생 시 3개월 이내 건강검진 실시 및 행정기관 신고를 하여야 하나 검진시기 자체 또는 변경신고 누락 발생
- 산부인과 간호사 인력 부적정(조산사)

    (산부인과 간호사 인력의 1/3 이상을 조산사로 채용)

- 감염우려장소 배기팬 고장

    (소독액 사용 내시경 세척실 배기팬 상시 작동)

- 방문객 대상 병원현관(정문, 후문, 응급실) 손위생 표지 미흡
- 종사자 건강진단 기한 내 미실시
- 폐기물 배출 시 일반쓰레기와 함께 동시에 운반
- 세탁물 자체처리대장 없음 및 관리책임자 미지정
- 병원장이 급식종사자에 대한 위생교육을 실시하여야 하나 담당자 및 부서장으로 교육 종결

  (의료법 시행규칙 제39조에 따라 병원장이 위생교육 실시)
- 감염위원회 정기회의에 위원의 참석 미실시

  (연 2회 이상 규정된 위원 참석 및 회의 개최)
- 감염관리지침서 지침내용에 최신본 미반영

(7) 기타 분야

- 공기질 측정결과 총부유세균 초과 장소 및 CO_2 초과 장소 관리상태 미흡(청소, 살균 등 지속관리 여부 확인)
- 시설물유지관리계획 수립 미흡

  (「시설물안전법 시행령」에 의거 포함하도록 지정하는 항목이 충족하도록 작성 여부 확인)
- 저수조 월 점검 미흡(월 저수조 점검상태 확인)

26. 중소형병원(요양병원 포함)

1) 개요

- **안전점검 대상** : 「의료법」 제3조의2에 따라 병원·치과병원·한방병원 및 요양병원은 30개 이상의 병상(병원·한방병원만 해당한다) 또는 요양병원
- **지도와 명령** : 보건복지부장관 또는 시·도지사는 보건의료정책을 위하여 필요하거나 국민보건에 중대한 위해(危害)가 발생하거나 발생할 우려가 있으면 의료기관이나 의료인에게 필요한 지도와 명령을 할 수 있음
  - **기타** : 안전점검 시기 및 실시자는 미규정 하였으며, 「시설물안전법」 및 「건축물관리법」 등을 준용하여 실시

2) 주요 지적사항

(1) 시설 분야

- 철골구조물의 보부분에 단면 훼손하여 배관 설치
  (철골조의 보부분에 대하여 구조안전 확인)
- 옥탑 안전난간 미설치(난간 높이 1.2m 이상)
- 건축물 계단 발판의 미끄럼방지시설 미설치
  (공용 계단의 발판은 논슬립패드 등 미끄럼방지시설 설치)

- 계단 난간살 간격 부적정

  (계단 난간살 간격 10cm 이하)

- 선홈통 길이 부족

  (선홈통에서 화단 내에 물이 떨어지지 않도록 설치, 물받이, 평면철판, 평면타일 등)

- 옥상에 비산우려 물품 적치와 휴게공간의 의자 및 탁자 비치(태풍 시에 비산됨으로 고정)

- 석면조사 미실시

  (사용승인일로부터 1년 이내 석면 조사하여 관할관청 제출)

(2) 전기 분야

- 분전반 차단기 노출 사용 및 커버 난연성 미사용과 잠금장치 미설치(차단기는 난연성 분전반 내 설치)

- 분전함 내 전선의 난잡 배선

  (분전함 내 전선의 차단기별로 적정하게 사용)

- 배수펌프의 콘센트 불량

  (콘센트는 규격제품 사용)

- 비상용발전기실 및 전기 케이블트레이 방화구획 미확보

  (케이블트레이 방화구획 불연성 재료로 충전)

- 수술실 전기방식 변경 필요

  (수술실은 누전차단기 사용안하는 방식)

- 냉장고, 밥솥, 자판기, 난방 전기배전, 물리치료실 런닝머신 콘센트반의 미접지

- 비상용발전기의 과전압 보호계전기 미설치 및 접지 탈락과 배기 불가(비상용발전기 접지상태 여부, 배기통 외부 연결 등 확인)

- 비상용발전기의 축전지 노후, 냉각수 누수, 매연 기계실 유입

  (축전지 3년마다 교체 권장, 냉각수 및 오일, 배기통 확인)

- 특고압 큐비클 부식 (불연성, 난연성, 옥외는 방수형)

- 전기실 누전경보기 작동 불가

- 가로등 누전차단기 미설치

- 소화전, 방수구 주변 적치물로 인해 신속개폐 불가

- 통유리문 측면에 유리파괴 망치가 비치되어 있지 않아 사고 시 신속 대처 불가

- 미사용 콘센트 마개 미부착 및 한식당 방수형 콘센트 덮개 탈락

- 전기안전관리자의 정밀점검 미실시, 점검서류 보관실태 미흡

  (절연, 접지, 열화상 측정, 점검서류 1년분 보관)

(3) 가스 분야

- 정압기 관리상태 미흡

  (자기압력 기록계 유지 주 1회 교체, 이상압력 통보 설비, 가스누설 경보기 작동상태 확인)

- 가스용기보관실 외부를 가연재료(나무)로 설치

  (용기 보관실은 불연성 재료로 설치)

- 외부 가스배관의 부식

  (가스배관은 황색도색 또는 기타 도색 후 황색이중안전 띠로 표시)

- 지하기계실의 보일러 배기통의 말단부 구배 미유지

  (배기통의 말단부 구배유지 및 방조망 설치된 배기통 허용)

- 가스배관 이음부 전원 콘센트 이격거리 미준수

  (이격거리 30cm 이상)

- 가스누출자동차단기 작동 불량

- 온수기 배기통 누수 및 전단밸브 미검사품 사용

  (배기통 누수 여부 확인, 검사품 또는 KS인증품 사용)

- 주차장 가스배관(2개소) 노출되어 주차 시 차량으로 인해 가스관 소손 우려

- 보일러실 연통 연결부위 유격으로 유해성 연기 누출 우려

- 가스배관에 가스압력, 방향 등 마킹이 확인되지 않음

(4) 소방 분야

- 화재 신호 수신반 예비전원, 송수화기 미비
- 소방서와 연결된 자동화재속보설비 정기작동점검 미실시
- 자동화재탐지설비 수신기의 단선
- 방화문의 도어클로저 미설치 및 도어스토퍼 설치
  (방화문은 항상 닫힘 상태 유지)
- 피난설비 및 피난계단 적치물 방치
- 층별 구조대 위치 표시 미흡
- 송수관 연결압력 미표시
- 병실 단독경보형감지기 미설치
- 베란다 피난장비 미설치
  (피난용 트랩 등 설치)
- 옥상 출입문 화재 시 개폐 가능한 자동개폐장치 미설치
- 유도등의 미점등과 예비전원 접속불량 및 배터리 방전으로 비상 시 사용 불가, 통로 유도등 미설치
- 소화기의 설치 부족, 미설치와 표지 미설치
- 휴대 비상조명등 미설치
- 방화셔터 출입구 위치에 피난구 유도등 미설치
- 소방펌프실 압력 재설정 및 저수조(소화수조) 개별 표기

와 저수위 경보장치 미설치

- 자체점검(종합, 작동) 보완사항 정비내용 기록 미비치
- 소방펌프(옥내소화전, S/P) 가압송수장치 압력 설정치 점검보고서와 시설 설정치 상이
- 주변 건물 공사로 인해 측면 완강기 사용 불가
- 공기호흡기 보조마스크 미비치 및 사용법 미부착
- 피난안내도에 현 위치 표시 누락
- 소방계획서, 피난계획서에 세부사항 누락 및 건물 특성에 맞게 미수립, 야간근무자 임무부여, 대응방법 미반영, 환자 신속한 대피 방법 미반영
- 소방안전관리자(보조자) 야간·휴일 근무 공백 방지

(5) 승강기 분야

- 승강기의 권상기 전도기 작동 불가
- 승강기의 비상통화장치 미작동
- 승강기 정기검사 기한 초과

(6) 의료 분야

- 인명구조용 공기호흡기 공기량 부족 및 파킹 마모
- 신체보호대 착용 시 보호자 동의서 미징구

- CCTV 일부고장 및 영상 수신별도 모니터 미실시
- 장례식장 CCTV 카메라 위치 사각지대 발생 우려
- 거동불편, 와상환자별 야간식별(형광밴드) 미표시
- 수술실 위험장소 관리 미흡

  (수술실의 소독기 안전수칙 게시, 환기장치 상시 가동)
- 약품관리 미흡
- 화장실, 욕실 안전손잡이 미설치
- 입원실, 화장실 등에 비상연락장치 미설치

(7) 보건·위생 분야

- 침구류, 가구류, 소파 등 방염성능제품 미사용
- 인체 유해성 소독제, 세척제 약품관리 미흡

  (내시경실 포름알데하이드, 수술실 산화에틸렌에 대한 입고량, 재고량 기록 관리)
- 식당 식자재 관리 미흡

  (포장일자, 유통기한 표시하고 상온창고에 온도계, 습도계 부착)
- 보존식 메뉴표기 라벨이 실제와 불일치
- 컵 살균소독기 자외선램프 고장

  (자외선 살균소독기는 램프 항상 가동)

- 냉장·냉동시설 온도계 고장
  (냉동창고 −18℃, 냉장창고 10℃ 이하)
- 조리장 바닥, 벽체 타일 파손
- 급식소 조리장에 출입구 발판 소독기 미사용
- 식당 위생관리 미흡

27. 지하도상가

1) 개요

- 안전점검 대상 : 「시설안전법」 제4조 및 제5조에 의한 제1종·제2종·제3종시설물
    - 제1종시설물 : 연면적 1만제곱미터 이상
    - 제2종시설물 : 연면적 5천제곱미터 이상
    - 제3종시설물 : 연면적 5천제곱미터 미만
  ※ 「지하공공보도시설의 결정·구조 및 설치기준에 관한 규칙」 제2조제1호에 따른 지하공공보도시설

- 안전점검 시기 : 「시설안전법」 제11조에 따라 A·B·C등급은 반기에 1회 이상, D·E등급은 1년에 3회 이상

- 안전점검 실시자 : 「시설안전법」 제11조에 따라 관리주체는 정기적으로 안전점검 실시

2) 주요 지적사항

(1) 시설 분야

- 출입부의 차수시설인 차수판이 계단부에 설치·보관되어 안전사고 우려(별도의 보관박스 및 보관틀 제작 설치)
- 출입구 요철블록 위에 차수틀 설치 부적정 및 차수턱 미설치

(차수틀의 밀폐성 관리, 지상에 접하는 출입구 끝부분의 바닥은 지표수가 지하공공보도시설 내부로 유입되지 아니하는 구조로 설치)

- 입구부 캐노피 길이 부족

  (지하로 우수가 들어갈 수 없는 구조로 설치)

- 출입구 및 환기구 천장재 탈락

- 경사계단의 발판은 미끄럼방지시설 미설치

  (공용계단의 발판은 논슬립패드 등 미끄럼방지시설 설치)

- 점포 출입문 밖여닫이로 설치

  (출입문 안여닫이 구조 설치)

- 지하광장 미설치 및 면적 부족

  (지하광장의 면적은 지하도상가 면적의 100분의 10 이상 설치)

(2) 전기 분야

- 전기실 및 분전반의 위험표지판 미부착

- 비상용발전기실 관통부 방화구획 미확보 및 축전지 보호커버 미설치

  (방화구획 불연성 재료로 충전)

- 전기실 관제소 내부에 소화약제 방출 표시등이 없어 손상 및 사고 우려

- 전기실 가연성물질 보관

  (화재에 취약한 가연성 물질 분리 보관)

- 점포 간판 돌출부가 기준치 초과

  (간판 돌출부가 5cm 이하)

- 시설공단 보유 계측기가 검·교정 미실시

  (계측기 교정기관에 의뢰하여 연 1회 이상 교정)

- 전기안전관리규정 중 공사 중 발생하는 점검·감리 등 점검계획 미수립

(3) 가스 분야

- 정압기실 방폭시설 조치 미흡 및 일반형 작업용구 비치

  (배관 접속 간 가스유출방지, 방폭지역의 작업용구에 대하여 방폭인증용 공구사용)

- 방재실 가스누설경보기 고장
- 식당 점포 내 가스차단기 동작 불량
- 미사용 가스용품에 대한 막음조치 미흡

  (연소기가 연결되지 않은 배관은 안전캡으로 막음조치)

- 가스사용 점포 현황 상이

(4) 소방 분야

- 스프링클러 헤드의 함몰 및 일부 탈락, 미고정
- 전기실 내 청정소화약제 배관이 일반배관과 동일한 색상으로 설치(소화약재 배관별도 표시)
- 지하도 상가 바닥유도등 미고정으로 피난방향 불일치
- 압력챔버 기둥 스위치 주펌프 및 예비펌프 오조작 우려
- 방재실 내 연결살수송수구 위치 미표시

  (일람표에 연결살수송수구 표시)
- 점포 내에 보관되어야 하는 소화기가 통로부에 일괄 보관

  (소화기 점포별로 실내 보관)
- 기름사용업소 K급 소화기 미비치
- 10년 이상 경과된 분말소화기 비치
- 출입구 주변 장애물 방치
- 지하도상가 휴대용조명등의 점등 불량
- 인명구조장비인 공기호흡기의 공기용기 충전일자 불명확

  (공기충전기 충전일자 기록)
- 상가 내 진열대, 안내표지, 광고물에 대한 불연재 및 준불연재 등 확인 미비
- 소방계획서 상 자위소방대가 편성되어 있으나, 피난계획에 대한 구체적인 임무, 피난보조 등 세부계획 미비

(5) 승강기 분야

- 출입구 에스컬레이터 발판 부품 파손

(6) 기타 분야

- 관리주체의 정밀점검 및 정밀안전진단 실시 결과에 대한 사후조치 확인 및 감독 미비
- 매월 소독을 실시하고 있으나 소독내용, 소독구역 불명확

    (소독확인서에 소독약품, 면적 등 기재)

28. 지하역사

1) 개요

- **안전점검 대상** : 「철도건설법」 제2조제6호에 따른 철도시설에 따른 지하역사
- **안전점검 시기** : 정기점검에 관한 지침에 따라 실시(점검주기 미규정)
- **안전점검 실시자** : 철도시설관리자 정기점검 실시

2) 주요 지적사항

(1) 시설 분야

- 지하도 상가 계단의 전도사고 방지 등을 위해 비가림막 등을 설치하도록 규정되어 있으나 미설치
  * 지하공공보도시설의 결정·구조 및 설치기준에 관한 규칙 제8조
- 지하도 출입구 초입부위 침수방지턱 미설치
- 지표수가 유입되지 않도록 차수틀을 설치하고 있으나 점자불록 위에 설치되어 지표수 유입

(2) 전기 분야

- 계단에 설치되어 있는 글로브등(직접조명)으로 눈부심 발

생으로 전도위험(공용계단의 조명기구에 대하여 간접조명)
- 고압 전기설비 보호용 계전기 설정 상이
- 전기실내 소화기 배치 부적정

  (전기실내는 CO_2 또는 할론소화기 설치)
- 조명등의 누전차단기 미설치
- 고압 전기설비 안전장구인 절연모, 절연장갑, 절연화, 검정기 등의 성능유지 시험 미실시

  (「국가표준기본법」 제14조 및 국가교정기관지정제도운영 요령 제41조에 따라 안전장구 시험실시)
- 전 역사 전력운용 시스템 운영체계 실증검증 미실시

(3) 소방 분야

- 역사 내 피난유도선 미설치
- 광고, 매표소 안내표지판이 피난유도등 색상과 동일
- 상수도 직결방식은 비상시에만 소화배관에 공급하고 있으나 평상시 공급 불가능

(4) 승강기 분야

- 승강기 정전 시 비상등 점등 및 통화 불가
- 에스컬레이터 안전표시(손잡이를 꼭 잡으세요)가 초입에만 설치

(생활안전예방을 위해 상부, 중부, 하부 설치)

- 에스컬레이터 핸드레일 표면 손상 및 베어링 이상 소음
- 에스컬레이터 구동체인 내구 연한 감안 노후
- 에스컬레이터 콤 파손 및 안전브러쉬 설치 상태 보완 필요
- 승강기안전관리자 보수교육 미실시

(5) 기타 분야

- PSD의 UPS실내 먼지 유입으로 화재위험 증가
- 급기구의 1차 먼지제거 필터 탈락으로 외부 이물질 유입
- 비상용전화기 위치표시를 비상시 확인 곤란

 (위치 확인용 LED 등 설치)
- 이용객 동선에 설치되어 있는 구호용품, 공기호흡기, 휴대용 조명등의 외함 모서리에 의한 안전사고 우려

 (실내공간의 요철부나 모서리면 등은 충돌사고 방지를 위한 완충재료 설치하거나 모서리면 둥글게 처리)
- 피난계단의 관리 위치에 안전구획 없어 접촉사고 우려

29. 철도시설

1) 개요

- **안전점검 대상** : 「철도건설법」 제2조제6호에 따른 철도시설
- **안전점검 시기** : 「철도건설법」 제25조에 따라 정기점검을 실시하도록 규정하고 있으나 점검주기는 미규정
- **안전점검 실시자** : 「철도건설법」 제25조제1항에 따라 철도시설관리자는 소관 철도시설의 안전과 성능을 유지하기 위하여 정기점검 실시에 관한 기준에 따라 철도시설에 대한 정기점검을 실시

2) 주요 지적사항

(1) 시설 분야

- 철골구조물에 대한 부식, 내화피복, 내화도료 박락
- 승강장과 주차장 상부 누수 및 강재 부식
- 주차장 상부이음부위 부식 및 누수
- 승강장 및 사무소 외측 슬래브 하부 도장 박리, 누수, 박락 발생
- 승강장 진출입 건물 상부 식생

- 옥상 난간높이(1.2m 이상) 부족 및 난간 간살간격 (10cm 이하)과 수평 설치

- 승강장 시·종점 끝단에 안전확보를 위한 0.9m 이상의 통로 및 계단 미설치(철도시설 기술기준 제57조제3호)

- 승강장 점자블록 미고정 및 주위 침하·패임 등으로 단차 생김

- 에어컨 실외기 바람막이 미설치

- 옥상 비산물 미제거

- 계단 발판의 미끄럼방지시설 미설치 및 시인성 표시 미흡

- 역사 지하 물탱크실 균열 보수부위 재균열 발생

(2) 전기 분야

- 분전반 차단기 파손 및 전면 적치물로 점검 불가능

- 상품전시관 철골조 건축물, 안내판, 에어컨 실외기, 음용수 냉장고의 미접지

- 정전기 및 피뢰설비에 대한 점검 및 체크리스트 미비치

- 전기품질 분석기 3상용 미구비

- 적외선 열화상 장비 분석방법 교육 미실시

- 전기안전관리자 직무고시 불이행

(점검주기별 미점검, 점검계획 수립 미흡(월, 분기별, 연간) 및 점검미흡)

(3) 가스 분야

- 가스계량기와 콘센트 이격거리(30cm 이상) 불량
- 정압기 경계표시 미비
- 시공내역 확인불가 및 퓨즈콕 파손

(4) 소방 분야

- 비상방송설비, 피난구 유도등 미설치
- 스프링클러의 헤드 함몰 및 살수 지장
- 충압펌프(옥내, 스프링클러) 동작 시 누수 발생
- 승강장, 대합실, 계단 등에 유도등 미설치
- 전기실 이산화탄소 소화설비 설치장소 공기호흡기 미비치
- 비상계단(비상구) 내 적치물 방치
- 유도등 예비전원 불량 및 미설치
- 자동화재탐지설비 감지기 감열부 작동 불량
- 천장형 냉난방시스템으로부터 감지기 1.5m 미이격

(5) 승강기 분야

- 에스컬레이터 콤 파손

- 에스컬레이터 비상정지 버튼 시인성 부족

- 에스컬레이터 삼각부 막는 조치 탈락 및 핸드레일 롤리현상 발생

- 승강기 비상통화장치 신호음, 통화음 작음

- 승강기 과속조절기 커버 미설치

(6) 보건·위생 분야

- 대형냉장고(워크인 냉장고) 내부 조명 고장

- 환기설비 및 자외선 소독기 램프 고장

- 천장에어컨 필터 관리 및 가스레인지 환기시설의 미흡

- 냉장시설 외부 온도계 미설치

(7) 산업안전 분야

- 저수조 점검용 사다리식 통로 관리 부적절

  (잠금장치 미설치, 7m 이상인 경우 등받이울 미설치, 사다리식 통로 발판과 벽사이(15cm 이상) 부족)

- 저수조의 상부 안전난간과 잠금장치 미설치 및 조명 고장

- 소방용수 저장탱크 사다리식 통로 미설치 및 상부 조명 미설치

(8) 철도안전 분야

- 정밀안전점검 보고서 종합결론에서 다른 지역 수록
- 「철도건설법」 제31조에 따른 정밀안전진단 미실시
- 정밀안전점검 및 정밀안전진단 결과에 대한 조속한 보수보강 미실시
- 현장조치매뉴얼 개정 미흡
  - '21.1월 개정하였으나 관리역 현황, 자위소방대 등 '19.12.31. 표기
  - 현장조치매뉴얼 부록7 주요접근로 현황 경부고속선 누락
  - 초기대응팀에 일반선 야간, 휴일조 시설팀 누락
  - 부록에 개정본 미첨부 및 연계버스 연락처 미수정
  - 복구반 명칭 혼선 사용
- 철도종사자 직무교육 시 무전기사용법은 교육을 실시하고 있으나, 무선통화요령 교육 시행 미흡
- 비상대응훈련 및 교육 시 상시 거주하는 자위소방대원의 역할 숙지 미흡
- 선로내로 침입하는 여객보호조치가 절차화 되어 있지 않음

- 철도시설 및 시설물의 유지관리 시행계획은 매년 수립되었으나, 시행 여부 확인할 수 없음
- 철도보호 관리대장 미작성
- 승강장 양 끝의 안전펜스 설치기준 미달 및 음성경고 시스템 미설치

30. 청소년수련시설

1) 개요

- **안전점검 대상** : 「청소년활동법」 제10조제1호의 청소년수련시설로서 청소년수련관, 청소년수련원, 청소년문화의집, 청소년특화시설, 청소년야영장, 유스호스텔 등

- **안전점검 시기** : 「청소년활동법」 제10조 및 같은 법 시행령 제10조에 따라 매월 1회 이상 시설물에 대한 안전점검, 시설물 안전점검 기록대장에 기록·관리

- **안전점검 실시자** : 「청소년활동법」 제10조에 따라 수련시설의 운영대표자는 시설에 대하여 정기안전점검 및 수시 안전점검을 실시

2) 주요 지적사항

(1) 시설 분야

- 옥상 태양광발전설비 프레임 일부 조인트구간 볼트 풀림 및 턴버클 부식으로 장력조절 불가

- 옥상 냉각탑 지정부 너트 규격미달 및 와셔 부식으로 단면이 감소되어 전도 우려

- 옥상 방수층 손상(찢어짐) 및 거름망(루프드레인) 미설치

- 옥상 난간높이 일부 부족 및 비산우려 물품 적치

  (난간높이 1.2m 이상, 물품 및 휴게시설 고정)

- 옥상 선홈통 길이부족으로 낙수 발생

- 창 높이 부족으로 추락사고 위험

  (창 높이 부족한 경우 방호창 설치)

- 지하 전기실 및 주차장 측 외부기둥 균열

- 남녀 화장실의 타일 및 천장 마감재 탈락

- 독서공간 책꽂이 모서리 돌출되어 충돌사고 발생 우려

  (실내공간의 요철부나 모서리면 등은 완충재 설치)

- 에어컨 실외기 바람막이 미설치

  (도로면으로부터 높이 2.0m 이상 설치 또는 바람막이 설치)

(2) 전기 분야

- EPS실 내부 물건 보관 및 케이블 관통부 방화구획 미확보

  (EPS실은 항상 점검 가능하도록 관리, 방화구획 불연성 재료로 충전)

- 세탁실 대형세탁기의 누전차단기 미사용 및 미접지

  (누전차단기는 냉장고, 세탁기, 에어컨, 옥외조명시설, 간판 등을 포함한 금속재료 되어 있는 전기기계기구,

접지는 냉장고, 에어컨, 전동기 등 접지시공)

- 보일러실 콘센트 및 옥외 가로등주의 미접지
- 샤워실 내 콘센트회로 인체감전보호용 누전차단기 미사용

  (고감도(15mA) 누전차단기 부착형 콘센트 설치)
- 비규격 멀티탭 사용(규격형(접지형) 멀티탭 사용)
- 분전반 목재 덮개 사용 및 잠금장치 미설치

  (불연성, 난연성 덮개 사용 및 잠금장치 설치)
- 차단기 용량 과다(30A)

  (배선규격에 맞는 차단기(20A) 사용)
- 차단기 및 콘센트 노출 설치(차단기 및 콘센트 절연함 내 설치)
- 전기실 분말소화기 사용

  (전기실은 이산화탄소 또는 할론소화기 사용)
- 비상용발전기 축전지의 보호커버 미설치
- 분전반 태양광용 차단기 역방향 설치
- 한전 인입용 조가용선 단선
- 전기안전관리자의 연 1회 이상의 정밀점검 등 미실시

(3) 가스 분야

- 지하보일러실 미사용 가스시설 막음조치 미실시

  (연소기가 연결되지 않은 배관 말단부는 안전캡으로 막음조치)

- 보일러용 배관 천장 은폐되어 확인 불가(배관 점검구 설치)

- 가스누설자동차단장치의 설치 오류

- 자동절체기 사용하는 용기집합 시설에 한 방향에만 가스 용기 체결

- 외부 직원휴게실용 가스배관 차량 충돌 우려

  (충돌방지보호대 설치)

- 압력조정기실 외부에 경계표시 미흡

  ("도시가스 압력조정기", "화기엄금" 등 붉은 글씨로 표기)

(4) 소방 분야

- 수신반 노후 및 작동시험 시 에러 발생

- 감지기 단선 및 계단통로 유도등 미점등

- 소화기 내용연수 초과(내용연수 10년)

- 방화문 도어클로저 미설치

  (방화문은 항상 닫힘 상태 유지)

- 비상방송설비시스템 화재 시 단락으로 전층 방송 불가

- 보일러 연통과 배관 보온재가 접촉되어 화재 우려 (접촉되는 경우에는 불연재료 조치)
- 옥내소화전 연결살수송수구 앞 및 계단에 가연성 적치물 방치
- 옥상출입문 자동개폐장치 미설치

(5) 승강기 분야

- 승강기 비상통화장치가 작동이 양호하나, 장애인용이 작동불가
- 승강기 기계실 출입문 상부틀 노후로 우천 시 침수 우려

(6) 기타 분야

- 구급약품함 내 소화제, 지사제 등 복용약품의 사용기한 초과
- 식당 냉장고에 사용기한 초과식품 보관

31. 초고층 및 지하연계 복합건축물

1) 개요

- **안전점검 대상** : 「초고층재난관리법」 제3조에 따른 초고층건축물, 지하연계 복합건축물 등
- **안전점검 시기 및 실시자** : 「시설물안전법」에 따라 정기안전점검, 정밀안전점검, 정밀안전진단 실시

2) 주요 지적사항

(1) 초고층 건축물 등 분야

- 초고층 건축물의 계측용 풍속계 날개 파손 및 구조물의 수직 및 수평변위 계측장비 시스템 오류
- 계측장비 제품수명 기한이 지남에 따라 이전 데이터 손실
- GPS, 변형률계, 경사계 2축 등 계측장비 미설치
- 비상용승강기 선택버튼에 피난안전구역 설치층 표시 미비
- 피난안전구역이 다른 구역과 완전구획 되도록 강화유리를 방화유리로 교체하고 외벽마감이 다른 층과 구별되도록 별도 미표시

- 피난안전구역의 내벽유리에 설치되어 있는 측벽형으로 유리에 방사할 수 있도록 미설치
- 피난안전구역 정수기 미설치
- 피난안전구역에 카드키 부재 시 출입 불가
- 종합방재실 출입문 최소 2개 이상 미설치
- 피난안전구역 CCTV 설치 위치 불량
- 특별피난계단의 전화기가 종합방재실과 바로 응답할 수 있는 인터폰 미설치
- 최하부 피난안전구역 특수소방차(52m 또는 70m) 접근 불가
- 정밀안전진단 시 고층건축물의 경우 비선형동적해석으로 내진성능평가를 실시하여야 하나 지진파 3개 중 큰값 또는 지진파 7개 중 평균값 사용 및 풍하중 해석 누락
- 초고층 건축물의 상가 지붕층에 대하여 건물 완공 후 추가 설치한 구조물의 영향이 없는지 안전성 검토 미이행
- 안전방제감시 현황도에서 풍속부분은 1차 경보 및 경보에 대한 기준치가 설정되었으나, 진도부분에 대한 관리 기준치 부재

(2) 시설 분야

- 옥상 바닥면 방수도장 균열, 들뜸, 물고임 등 발생
- 옥상 난간의 간살간격이 10cm 이내 설치 및 밟고 올라서지 못하는 구조로 미설치
- 초고층 건물의 유지관리시스템 부재
- 계측시스템 프로그램의 노후화로 지진가속도 등 기존 계측 데이터 백업 등 부재
- 헬기 탑승장 논슬립패드 파손 및 외부계단 난간 하부 백화현상 발생
- 수족관 하부 기둥부 및 벽체 균열 발생
- 비상계단의 난간 추락방지시설이 사람이 밟고 올라갈 수 없도록 조치 미흡
- 헬리포트 출입 철골계단 볼트 풀림 및 헬리포트 철골·철판 용접부 부식 및 녹 발생
- 지붕층 상부 철골부재 곤돌라 노후화 및 승강기 기계실 샌드위치패널로 방염처리 미실시
- 지하공공보도시설 광고물(상가간판 및 입간판)은 벽면에서 5cm 이상 돌출 설치(5cm 이상 돌출 금지)
- 지하공공보도시설 통행계단의 논슬립패드 미설치
- 지붕층 외부 철골계단 간살간격 10cm 초과 및 최상

부 난간높이 120cm 미만(간살간격 10cm 이내, 난간높이 120cm 이상)
- 옥상 헬리포트 공간 외 설치된 조형물 빈공간, 계단 등에 안전난간 미설치
- 「시설물안전법」에 따른 정밀점검 및 정밀안전진단 결과에 따른 보수·보강 및 이력관리 미흡

(3) 전기 분야
- 수전실 및 변전실 앞 출입문에 위험표지판 미부착
- 수전실 및 EPS실 케이블트레이 관통부 방화구획 미확보(불연성 재료로 충전)
- 변전실 UPS 패널 상단 빗물 침투 및 부스덕트 관통부 방화구획 미확보(방화구획은 불연성 재료로 충전)
- 수전실 및 비상용발전기실에 가연성물질 방치
- 수전실 공조용 패널의 권선 온도 측정기의 최대값(250°로 표기)이 불량
- MCC 변전실 MOLD TR 패널의 OCR 계전기와 차단기 간 연동 불량
- 비상용발전기의 자동절체스위치(ATS) 동작 불량
- 비상용발전기 축전지 보호커버 미설치

- 주방용 멀티탭 설치 위치 부적정 및 누전차단기 용량 과다(30A→20A)
- 전기안전관리자 직무고시에 따른 절연 및 접지저항 측정, 변압기 점검, 전원품질분석 측정 미흡

(4) 가스 분야

- 배관 고정 장치인 U볼트 탈착
- 가스 안전관리직원에 대하여 안전관리규정에 따라 월 1회 이상 교육 미실시
- 식당 가스배관 끝단 막음조치 불량
- 고압가스충전시설 경계표시 미설치
- 보일러용 가스배관에 대하여 급격한 압력변동으로 진동 및 소음이 지속적으로 발생
- 피난안전구역의 승압방지장치 전·후단 압력계 고장
- 압력계 전단밸브 손잡이 작동 불량
- 가연성가스(아세틸렌)와 조연성가스(산소) 혼합보관 및 실내보관

(5) 소방 분야

- EPS, TPS, PS, 유수검지장치실 방화구획 불연성 재

료로 미충전 및 적치물 존치

- 자동방화셔터 연동제어기 매뉴얼 미부착 및 방화셔터 재질이 철재 등 성능이 우수한 제품으로 미설치
- 방화셔터 공간의 표기를 눈에 띄게 크게 미설치 및 레일 불량
- 방화문 주변 상습 장애물 설치 및 자동개폐장치 불량, 도어 스토퍼 설치
- 제연장치의 급기댐퍼 모터 작동 불량
- 초고층건축물 호텔의 연기 및 열 감지기 불량
- 초고층건축물 호텔의 옥내소화전, TPS실 앞에 호텔 물품 적치
- 지하주차장 스프링클러 헤드에 도장으로 마감
- 스프링클러 앞 안내표지판 설치 및 헤드 고장, 함몰 등
- 수계소화설비를 각 설비별 분리하지 않고 옥내소화전, 스프링클러, 소방펌프 및 급수배관 등 겸용 설치
- 옥내소화전, 스프링클러 설비 수원용량 60분 이상으로 미설치(20분 설치) 및 내진설계 미흡
- 옥내소화전의 소방호스 체결방식을 걸이대에 아코디언방식으로 미설치
- 배전반, 분전반의 소공간용 자동소화장치 미흡

- 자동화재탐지설비 수신기-중계기, 수신기-감지기 배선 이중화 미비
- 전기차 주차구역에 별도의 방화벽 및 방출량이 큰 헤드로 미설치
- 소방차 전용구역 미확보 및 전용구역 표시방법 미흡
- 비상용승강기 매뉴얼에 화재 시 소방관이 사용할 수 있는 승강기라는 것을 정확히 미명시
- CO_2소화설비 비상정지스위치의 안전장치 미흡
- 특별피난계단의 방화문에 방화유리 미설치
- 할로겐 화합물 및 불활성 기체 소화설비에 대하여 방출 시, 냄새, 색깔 및 방호구역에 수동비상정비 버튼 미설치
- 리모델링에 따른 용접작업 시 주변에 가연성물질 제거 및 소화기구 비치 등 안전조치 미흡
- 신관 1층 방재실의 화재수신기와 백화점(호텔) 지하 1층 방재실의 화재수신기와 상호 미연동
- 피난용 승강기 미설치 및 2층 이상 11층 이하 외벽 소방관 진입창 미설치
- 화재·재난 시뮬레이션 등 피난안전 관련 성능위주설계 미실시
- 화재 피난 시뮬레이션 분석 결과 시나리오 최소 3개 이상 실시 및 적정 수용인원 부족

- 각각의 업무를 전담할 수 있도록 소방안전관리자 및 기계설비관리자 겸직에서 분리
- 자위소방대 교육훈련 결과 미비치 및 소방안전관리자 공기호흡기 착용방법 미숙지

(6) 승강기 분야

- 승강기의 카 내부에 행정안전부 고시에 규정된 이용자 안전수칙 내용이 포함된 안내문 미부착
- 호텔용승강기의 경우 이용자 안전수칙을 외국인이 알 수 있도록 국어와 영어로 혼용 미게시
- 에스컬레이터의 핸드레일과 벽면 틈새를 어린이가 올라탈 수 없도록 마감 미실시
- 에스컬레이터의 콤 파손으로 끼임 사고 우려
- 에스컬레이터 데마케이션 일부 손상
- 승강기 문닫힘 안전장치 멀티빔(비접촉 센서) 작동 불량
- 승강기 기계실 로프브레이트와 로프의 간섭소음 발생 및 인터폰 수신 상태 불량, 정전 시 카내 비상등 미점등
- 승강기 메인로프 소선 파단 및 부식
- 승강기 카내 층표시장치 부정확 및 바닥레벨 차이 발생
- 지진발생 시 대피요령서 및 승객구출운전 절차서 미비치
- 승강기 기계실에 부속품 및 폐자재 등 방치

(7) 보건·위생·산업안전 분야

- 저수조 상부에 안전난간 및 잠금장치 미설치, 천장 조명 간섭, 사다리식 통로 기준 미흡, 작업자 이동통로 미설치

- 소독기 및 램프 고장과 대형냉장고(워크인 냉장고)의 비상탈출용 버튼 고장

- 피자화덕 고온으로 근로자가 화상의 위험이 있으나 피자화덕용 장갑 미비치

- 식자재 건조기 고장 및 근로자의 접근이 어려운 장소에 설치

- 옥상안테나 피뢰침 와이어 지지선 부식

32. 학교시설

1) 개요

- 안전점검 대상 : 「교육시설법」 제2조제1호에 따른 유치원, 초·중·고등학교 등
- 안전점검 시기
  - 정기점검은 연 2회 이상
  - 구조안전 위험시설물로 지정된 시설물은 주 1회 이상
  - 재해취약시설로 지정된 시설물은 주 1회 이상
- 안전점검 실시자
  - 감독기관의 장 또는 감독기관의 장이 소속된 기관의 직원
  - 교육시설의 장 또는 교육시설의 장이 소속된 기관의 직원
  - 교육시설의 장 또는 감독기관의 장과 계약된 위탁 업체에 소속된 직원
  - 경험과 기술을 갖춘 자로 직무분야 초급기술자 이상의 자격을 갖추고 별도 교육과정을 이수한 민간전문가
  - 안전진단전문기관 또는 유지관리업자

2) 주요 지적사항

(1) 시설 분야

- 건축물 균열 및 건물 접속부 단차 발생
- 교실 증축 이음부(신축이음부) 이격 및 마감재 들뜸
- 콘크리트 누수 및 도장박리 등 열화 발생
- 교사동 난간 살 간격(20cm) 부적정

  (난간높이 1.2.m 이상, 난간살은 안목치수 10cm 이하로 설치)

- 체육관 강단 계단 발판의 미끄럼장비시설 미설치

  (공용계단의 발판은 논슬립패드 등 미끄럼방지시설 설치)

- 선홈통 고정 미흡 및 옥상 거름망(루프드레인) 미설치
- 외부 선홈통 하부 받침대 미설치로 토사유실
- 가설 인발 부위 공동에 대한 안전조치 미실시
- 교사 2동 사면유지 보호블록 꺼짐
- 운동장 측 옹벽 벽체부 수직균열 및 코너부 갈라짐 발생
- 외벽 벽돌벽체 및 줄눈 탈락
- 공사장 내 배수로 및 기존 토사배수로 청소 미실시
- 학교운동장 역경사 발생

- 배수로의 배수구배 불량 및 체수 발생
- 공사장 내 성토부의 사면부 전체 방진덮개 미덮음
  (1일 이상 야적 시 방진덮개 덮음)
- 지반 전체 매립토로 공극이 매우 큰 상태이므로 자연 침하에 대한 관찰 미실시
- 계측점검보고서 결과 변위 증가
- 옹벽배면 비탈면 보존조치 미실시

(2) 전기 분야

- 급식소 식기세척기, 소독기 및 화장실 내 콘센트회로 인체 감전보호용 누전차단기 미설치
  (냉장고, 에어컨, 옥외조명시설, 간판 등을 포함한 금속재로 되어 있는 전기기계기구, 인체 감전보호용(15mA) 누전차단기 설치)
- 분전반 잠금장치 미설치 및 열선 차단기 용량 과다
  (적정용량(30A→20A) 설치)
- 당직실 차단기 노출 사용(절연함 내 차단기 설치)
- EPS실 케이블 관통부 방화구획 미확보
  (방화구획 불연성 재료로 충전)
- 급식실 콘센트 커버 탈락 및 일부 미사용
  (방적형(커버형) 콘센트 사용)

- 화장실 복도, 급식실 정수기 비규격 멀티탭 사용 및 바닥배관 사용

  (규격 멀티탭 사용 및 전선보호관 설치)

- 변전실의 출입문 위험표지판 미부착 및 잠금장치 미설치, 가연성 물질 보관

- 가로등 전기시설 접지 불량 및 등기구 파손

- 교실의 조명도는 300LX 이상 부족

(3) 가스 분야

- 일부 배관 부식 및 가스계량기와 전기 접속구 최소 이격 거리 미유지 (가스계량기와 전기접속구는 최소 30cm 이상 이격)

- 가스온수기 연통의 벽 관통부 틈새 마감 미비

  (배기가스가 틈새로 재 유입되지 않도록 내열실리콘으로 마감 조치)

- 입상관과 보호관 사이 마감 미비

  (틈새로 빗물유입 방지를 위한 마감조치)

- 용기 보관실 마감 미비 및 가스 사이폰 용기사용

  (용기보관실은 불연재료 및 불침투성 마감 조치와 일반 가스용기 사용)

- 가스누출자동차단장치 전원 미연결 및 검지기 위치 부적정

    (가스누출자동차단장치는 상시 전원 공급 및 검지부는 가스가 체류가능성이 있는 곳에 설치)

- 외벽 가스배관과 금속구조물(선홈통) 접촉

    (가스배관의 부식을 방지하기 위한 절연 조치)

- 가스배관 주변 스팀라인 단열 조치 미흡

    (작업자 및 가스배관에 영향을 줄 수 있으므로 스팀 라인에 단열 조치)

- 지하주차장 노출 가스배관 방호조치 미흡

    (차량 등 추돌할 위험이 있는 장소에 설치된 가스 배관은 방호구조물로 방호조치)

- 화장실 내 가스보일러 설치 및 기숙사 보일러실 출입문 마감 미비 (배기가스가 학생이 거주하는 장소로 유입되지 않도록 출입문 틈새 마감조치 및 보일러실 환기 관리)

- 서고의 가스보일러실 환기 조치 미흡 및 가스저장탱크 내 미사용 가스용기 방치

- 기계실 보일러 가스 인입부 압력계 지시 값 부정확

    (압력계 검·교정)

- 가스시설 안전관리자 미선임

(4) 소방 분야

- 방화셔터 유도등 미부착 및 연동제어기 앞, 옥상 대피로에 장애물 적치

  (방화에 지장을 주는 적치물 방치 금지)

- 방화구획 상 방화셔터 상부 전선관 개구부 방화구획 미확보

  (방화구획 불연성 재료로 충전)

- 복도 방화셔터 연동제어기 수동기종 스위치 보호판 탈락
- 수신기와 소방펌프 연동 불량
- 옥내소화전 함에 ON/OFF 스위치 미표기 및 적치물 방치
- 옥내소화전 압력챔버 기동압력 부적정
- 행정실 내부 주경종 출력 불량
- 스프링클러 헤드 도색
- 중앙계단 앞 피난구 유도등은 통로 유도등으로 미설치
- 소화기 충압 불량 및 내용연수 경과(내용연수 10년)
- 완강기 받침대(발판) 미설치(완강기 발판 1.2m 이상 확보)
- 피난계단 방화문 도어릴리즈(퓨즈볼링크) 방식으로 화재 시 방화문 폐쇄 시 까지 상당한 시간 소요

  (화재신호와 연동되는 자동개폐장치 설치)

- 방화문의 설치규정 부적합 및 도어클로저 탈락, 도어스토퍼 부착(방화문은 밀폐성 구조, 항상 닫힘 상태 관리)

- 체육관 옥상 출입문 폐쇄
  (화재신호와 연동되는 자동개폐장치 설치)
- 옥상 소방펌프 수조용량 미표시
- 각실 블라인드 방염 여부 확인 불가
- 소방계획서 교육훈련사항 미기재

(5) 보건·위생 분야

- 주방 내 김치류 보관용 냉장고 내부 선반 일부 코팅 탈락으로 녹 발생
- 냉장고에 보관중인 제품 유통기한 미 준수
- 냉장고 내부 곰팡이 발생 및 상시 전원 미관리
- 주방 내 전처리실에 있는 주방용 칼갈이 녹 발생
- 주방 내 바닥 방수 일부 파손
- 먹는물은 수질기준에 적합한 물을 미제공

(6) 기타 분야

- 날카로운 모서리에 충격완화 패드 미부착
- 학교인접 안전 대응 매뉴얼을 교육지원청에서 작성·배포하였으나, 일선 담당자 인식 부족
- 공기질의 위생 점검을 반기별로 미실시

33. 항만시설

1) 개요

- **안전점검 대상** : 「항만법」 제2조제5호에 따른 기본시설, 기능시설, 지원시설, 항만친수시설, 항만배후단지 등

  - 갑문시설 및 1만톤급 이상의 계류시설 : 「시설물안전법」에 따른 정기안전점검・정밀안전점검・긴급안전점검・정밀안전진단

  - 이 외의 항만시설 : 정기안전점검・정밀안전점검・긴급안전점검

- **안전점검 시기 및 실시자** : 「시설물안전법」에 따라 실시

2) 주요 지적사항

(1) 시설 분야

- 교량 난간 볼트 체결상태 불량
- 진입교량 기초 지정부가 테트라포드에 설치되어서 침하 및 이동으로 불안정
- 잔교 고정부 기초바닥판 및 힌지 부식
- 물양장(소형선박이 하역하는 접안장소) 잔교(부두에서 배를 닿을 수 있도록 설치한 다리)고정부 및 상부 발판 부식

- 물양장 난간의 제거, 파손, 탈락 및 부식
- 방파제의 정상부분 콘크리트 신축이음부 이격과 수평 난간살(와이어) 장력 부족 및 탈락
- 방파제의 침하로 인한 고저차 발생 및 공사 중 낚시객 출입통제 미이행
- 월파로 인한 방파제 난간 파손
- 재난예·경보시스템 상부구조 부식

(2) 전기 분야

- 분전함 파손 및 덮개 미설치와 미접지

  (분전함은 불연성, 난연성, 외부 방수형, 접지 시공)
- 물양장 권양기 전선보호관 일부 파손
- 비상용발전기 엔진오일 부족

  (비상용발전기의 엔진오일, 연료, 냉각수 등 확인)
- 계측장비(회로시험기, 절연저항계) 교정 미이행

  (연 1회 이상 교정)
- 전기안전관리자의 고압 및 변압기 연차점검과 열화상 분기별 점검 미이행

(3) 가스 분야

- 질소배관 부식 진행 및 직사광선, 눈, 빗물 보호를 위한 차양시설 미설치

  (가스관은 황색도색 또는 기타 도색 후 황색이중안전띠로 표시, 차양시설 설치)

- 액체 질소 사용 장소에 설치한 기화기 재검사 미실시

  (기화기 3년 마다 재검사)

- LPG용기 어항주변 방치(사용하지 않는 용기 어항 밖으로 배출)

- 유류저장고 둘러싼 방류둑 출입구의 외부인 출입 가능

  (방류둑에 외부인 출입이 불가능하도록 잠금장치 설치)

(4) 기타 분야

- 위험물 이송 시 작업안전수칙 제정 및 게시 미흡
- 폐유저장탱크 주변 누출된 폐유로 화재위험 및 환경오염
- 면세유 주입구의 기름걸레, 종이 등 인화물질로 화재발생 우려
- 항만 작업자가 위험물에 신체 노출된 경우 사용하는 긴급세척 장치 작동 불가
- 방파제 지브크레인 정격하중 표시 미흡 및 인양 체인 부식, 절단 우려

- 수협의 냉동창고 출입문 고장으로 비상시 내부에서 탈출 불가(대형냉장고 외부로 탈출 가능)

제 2 절 토목시설물 분야

1. 급경사지

1) 개요

- **안전점검 대상** : 「급경사지법」 제2조제1호에 따른 급경사지로서 택지·도로·철도 및 공원시설 등에 부속된 자연 비탈면, 인공 비탈면(옹벽 및 축대 등을 포함한다. 이하 같다) 또는 이와 접한 산지

- **안전점검 시기** : 「급경사지법」 제5조에 따라 연 2회 이상 실시

- **안전점검 실시자** : 급경사지 관리기관

2) 주요 지적사항

- 옹벽의 배수구멍을 막아 선반 사용 및 전면부 백화현상 발생
- 사면붕괴지 교목식생으로 암반 붕괴 및 절리부 확장
- 절리부 교차부 쐐기(단면이 V자 형태를 이르는 곳)파괴 우려
- 뜬돌, 핵석(둥글둥글한 암괴) 등이 도로에 떨어지는 것을 방지하기 위한 낙석방지 울타리, 낙석방지망의 와이어 절단 및 장력 완화, 능형망 손상

- 낙석방지책 파손(와이어 고정단 파손, 낙석 퇴적부 철망 변형)
- 횡단배수로 단면 부족

  (배수로 위의 유역면적에 대한 배수로 적정성)
- 수직배수로 기능상실 및 집수정 미설치
- 풍화암 및 토사의 방호책 내 낙석물 퇴적 및 상부 동공 발생으로 수목 전도 발생
- 옹벽상단 토사 유실 및 배수 측구 막힘 우려
- 게비온 및 콘크리트 옹벽 뒤 포집공간에 이물질 퇴적 및 부족
- 급경사지 내 간벌목 적치
- 「시설물안전법」 관리대상시설을 「급경사지법」으로 관리

  (시설물안전법 : 연직높이 30m 이상을 포함한 절토부로서 단일 수평연장 100m 이상인 절토사면은 제2종시설물)

2. 교량

1) 개요

- **안전점검 대상** : 「시설물안전법」 제7조 및 제8조에 따른 제1종, 제2종, 제3종 시설물의 교량
- **안전점검 시기 및 실시자** : 「시설물안전법」 제11조부터 제13조까지의 안전점검, 정밀안전진단, 긴급안전점검 실시

2) 주요 지적사항

(1) 안전관리체계 분야

- 설계도서, 감리, 안전점검보고서 등 미보유 및 미제출
- 안전 및 유지관리계획서 미수립, 지연제출
- 안전점검 및 정밀안전진단 용역계약 금액이 고시된 대가 기준에 현저하게 미달되어 점검부실 우려
- 정기안전점검 및 정밀안전점검 시 참여기술자의 교육 미이수
- 관리주체가 점검주기에 따른 정밀안전진단 미실시 및 정기안전점검 주기 미준수
- 하자담보책임기간 만료 전 마지막 정밀안전점검을 안전진단전문기관이 실시하지 않고 관리주체 직접 실시

- 교량 철근 상태평가 시 신축이음, 강재부식 등에 대한 등급산정 오류 및 현장결함에 대한 점검 결과 누락
- 기 실시한 점검결과 자료분석 미실시, 상대평가 중간단계 미수록 등 평가결과의 적정성 결여
- 결함·손상 항목에 대한 원인 추정 분석 내용 미수록, 설계도서 등 관련서류 미보유로 정밀안전점검 전 사전검토 미실시
- 비파괴시험 위치 미표기, 철근피복 현장 실 측정값 미기록 등 각종 시험 분석 결과 품질 미유지
- 수중조사는 「시설물안전법」에 따라 선택과업으로 운영하고 있어, 수중 교량 하부 균열, 함몰 등 기초손상 미인지
- 진단, 점검결과 미제출, 지연제출로 보수·보강 우선순위 선정 등 현상파악에 문제점 노출
- 재난위험시설 고시 및 안내표지판 설치토록 하고 있으나, 안내표지판 미설치
- 차량통행 하중(12톤)을 초과한 차량의 운행이 현장확인되는 등의 위험 발견
- 전산시스템 상 시설물별 입력 자료의 편차 및 부정확성이 다수 확인되어 정보의 건전성 미확보

(2) 시설 분야

- 교각 WS 기둥부 균열, 박리 및 철근 노출
- 슬래브 지점부 보수구간, 교각 기초 콘크리트 탈락
- BRT 노선 중앙분리대 콘크리트 파손 및 솟음, 콘크리트 열화 및 강재부식, 난간 강재 연석부 부식
- 교량 받침장치 부식
- 강박스 거더 내부 유지관리용 출입구 잠금장치 누락
- 교대 및 교각에 관리 표찰 부재
- 교대 점검계단 침하 및 배수측구 파손, 성토구간 호안블록 침하로 인한 붕괴
- 교량 점검로 침하 및 배수로 균열
- 슬래브 외측 캔틸레버부 하면 콘크리트 열화, 박리 및 박락, 철근노출, 백태, 사방향 균열 및 망상 균열, 종방향 균열 등 발생
- 슬래브 신축이음부 누수 및 이물질 적치, 신축이음 연석부 차수판 파손
- 교대 전면부 철근 노출 및 피복두께 부족
- 일부 보수구간 표면 보수제 들뜸 및 재손상 발생
- 배수구 막힘 및 이물질(토사 등) 적치 및 그레이팅 간격 과다

- 비점오염시설 구간의 우수 월류 시 교대 앞 성토 구간으로 유입에 따른 호안블럭 침하 및 틈새 발생
- 주탑 점검구 출입구 부식 및 내부 우수 유입
- 중앙정착단부 이물질 적치 및 배수구 막힘
- 케이블 정착단 보호부츠 밀림, 실링 노후화, 케이블 정착단 강재부식 및 부츠하부 부식
- 케이블 보호용 캡상단과 하단부 빗물침투방지용 캡부위 실리콘 노화로 틈새 발생
- 조인트 하부 간격재 탈락 및 본체 부식
- 난간 파손 및 점검통로 미설치
- 케이블 장력계 설치 위치 미검토
- 풍향기 노후 훼손
- 점검대차 운행레일 고정볼트 풀림
- 지진계 인접 인화물(페인트) 적치 및 교량 하부 불법점유물 존치
- 아치 주부재와 횡방향 상현재 연결부 녹 및 부식 발생, 주경간 종점부 보강재 누락
- 아치구간 상부 슬래브 외측 지점부 부식
- 강판 보강부 고정볼트 탈락 및 부식
- 핑거조인트 핑거 파손 및 부식

- 교량 부속시설(차량 유도표시등, 안내표지판 등) 부식 및 부속시설(전선트레이 등) 신축이음부 파손
- 난간 및 난간 지주간 볼트 미체결
- 상부 LMC 포장균열 및 교면포장 소성 변형 발생
- 교량설계하중이 DB-18 하중(32.4TON)으로 되어 있으나, 차량 통행 제한시설 미비 등 통제 어려움

(3) 전기 분야

- 가로등 점검구내 누전차단기 및 배선 접속점의 방수형 미사용
- 전선함 탈락
- 주탑내부 도전부(금소도체) 등전위본딩 접지 미흡
- 안개등 점등 불량 및 안개등 Control Board 불량
- 경관조명측 전선 조인트박스 고정 불량
- 경관조명등 미점등
- 경관조명등주 점검구 커버 탈락으로 전선노출(감전위험)
- 경관조명등주 내 전선 미방수 접속
- 주탑 내부 통신, 전기시설 SPD 등전위 협조 미흡
- 교량 보도 내 경보신호등 미접지, 전선열화, 점검구 커버 탈락, 신호등주 부식, 전선회로 단선

- 가로등 접지 연결 불량, 미접지, 교량하부 트레이 미접지, 항로표지 제어함 콘센트 미접지 및 미사용 분전함 탈락 위험
- 이동용 대차측 접지전선 외부 노출

(4) 산업안전 분야

- 사다리식 통로 등받이울 상부로 근로자가 유지관리 시 출입하는 문이 내부 통로 안쪽으로 열리는 구조로 설치되어 간섭 및 등받이울 상단 근로자가 잡을 수 있는 손잡이 미흡, 잠금장치 부식
- 주탑 유지관리 시 근로자가 안전하게 이동할 수 있는 통로 미설치(중앙분리대, 높은 계단 등으로 인해 넘어짐, 추락 위험)
- 난간 점검통로 파손 및 잠금장치 미설치
- 육교 계단 끝단 논슬립 부식 및 파손
- 교량 측면 난간 넘어 설치된 등명기 제어함, 교량 표시등, 경관조명박스 등 유지관리 시 안전난간, 이동통로 미설치되어 추락 위험
- 교량 항로 교량 제어함 이동통로 구간 설치된 등받이울, 사다리식 통로 미설치, 통로 발판과 벽과의 사이 15센티미터 이상 간격 미흡, 상부발판 1단 이동 시

간섭 발생

■ 교량 항로 이동통로 구간 안전난간 미설치

■ 교량 끝에 설치된 미사용 안테나 및 피뢰침 지지대 부식

■ 교량 하부에 설치된 점검용 대차 제어실까지 근로자 이동통로 미설치(사다리, 발판, 안전난간 등)

■ 교량 하부에 설치된 점검용 대차 관리 경광등 고장

3. 농업용저수지

1) 개요

- 안전점검 대상 : 「저수지댐법」 제2조제1호에 따른 저수지
- 안전점검 시기 및 실시자 : 「시설물안전법」 및 「농어촌정비법」에 따라 안전점검 실시

2) 주요 지적사항

(1) 시설 분야

- 도로부 저수지 좌안 외수 유입부 지반 유실
- 제방 뿌리부 수목 제거 미흡 및 벌개 잔유물 미정리
- 제방마루 일부 침하 및 상류사면 사석 일부 이완
- 제방 마루 미정비로 이동 및 상시적인 점검 불가
- 상류사면 및 하류사면 잡목방치와 부분적 세굴
- 제방 제외지측 제당 하류 습지 형성과 제방 식생 서식 및 하단부 누수
- 원지반과 성토경계 일부 누수
- 방수로 일부 미세균열 및 감세공 미설치와 일부 균열
- 방수로 지장물 방치 및 연락교량 옹벽 접속 콘크리트 박락

- 강수량 많을 시 일시 방수로 하천 하류 통수단면 부족
- 장마대비 공사현장 여수로 공정 지연 및 여수로 벽면 백화현상 발생
- 물넘이 하부 일부 누수 및 사통, 여수로 벽 및 바닥 파손
- 취수탑 벽체일부 및 사통 지지대 파손
- 수문 기계실 입구 발판 파손
- 사이폰시설 녹 발생 및 저수지 내부 미준설
- 저수지 수로 등 개보수 공사를 위해 출입통제시설 임의 철거

  (출입통제 시설 설치 및 안전표지판 설치)
- 저수지 둘레길이 제방보다 낮아 만수 시 범람, 넘침 등 OVER FLOW 위험
- 점검결과의 일관성 부족 및 변상의 변환(규모, 위치, 원인검토 등)과 보수·보강 등 이력관리 미흡

(2) 전기 분야

- 분전반 및 제어반 분진 과다
- 수문 조절기 제어반 내 전선 및 접지선 탈락

  (전선 및 접지선 고정 상태 확인)
- 옥외 계량기함 파손 및 이물질 과다

- 옥외 조명등 안정기 및 접속부 노출
  (안정기 및 접속부 절연함 내 시공 조치)
- 배분전함 및 비상용발전실 위험표지판 미부착
- 옥외 인입전선 수목 접촉(인입전선 지중매설)

(3) 기타 분야

- 저수지 내 외부인에 의한 보트계류장 설치 운영
- 제방 붕괴 시 사고전파를 위한 경보시설(싸이렌) 미설치
- 물넘이시설 내 쓰레기 방치 및 폐목 방치로 물 흐름 방해
- 인명구조함의 미설치 및 관리소홀, 노후로 사용곤란
- 경고판 및 안내판의 부족과 퇴색, 노후
- 배수문 접근금지 비상연락처 안내판 미설치
- 정밀점검과 정밀안전진단 미실시 및 정밀점검 지적사항 미조치
- 점검 시 B등급 판정이나, 현장점검 시 부분적 C, D등급 판단
- 점검현황 결과 전산시스템(RIMS)입력 부실 및 일부시설 누락
- 관리담당자 및 「시설물안전법」 교육 미이수
- 정기점검(분기)을 하는 읍면 시설직 교육이수 여부 미확인
- 안전관리계획 및 재해대처계획(EAP) 미수립

4. 댐

1) 개요

- 안전점검 대상 : 「저수지댐법」 제2조제1호에 따른 댐 시설물
- 안전점검 시기 및 실시자 : 「시설물안전법」 및 「농어촌정비법」에 따라 안전점검 실시

2) 주요 지적사항

(1) 시설 분야

- 댐 마루의 배수구 일부 막힘 및 보도블록 일부와 변위측정용 프리즘 하부 일부 세굴·침하
- 상류사면 곤돌라용 전동기에 빗물 노출로 고장 및 사고 우려
- 댐 사면 하류 콘크리트 누수 및 식생
- 댐 수문점검용 출입구 기둥 부식
- 조정지 댐 권양탑 상부에 설치된 추락주의 표지판 탈색
- 취수탑 점검로 그레이팅 용접부 탈락
- 가배수로 내부 손상으로 외부 우수가 배수로 다량 유입
- 댐체 상부 보도블록 부분 식생

- 취수장 연결교량 강재 및 받침 부식 및 도장 박락
- 배수로 측구 콘크리트 잔해 적치
- 발전소 주변 공사장 1일 이상 야적하는 경우 방진덮개 미덮음
- 발전소 난간의 간살간격 10cm 이상으로 추락 위험
- 발전소 상부 강구조와 콘크리트 벽체 연결부 및 지하층 벽체와 유도배수관 누수
- 발전소 뒤편 배수로 파손되어 누수 및 발전소 뒤편 옹벽 배수파이프에서 상당량의 배수 발생
- 발전실 뒤 비탈면 콘크리트 옹벽 백화현상 발생
- 소수력발전소 천장에 설치된 크레인 유지·보수 시 작업발판 및 안전난간 미설치로 추락 위험
- 댐 출입구 절취사면 유실 우려
- 발전취수문 2개소 개구부 덮개 미고정으로 추락 위험
- 권양기 하부 작업발판 추락 및 진입사다리 상부 철골 부딪힘 위험
- 저수조 이동통로 미설치 및 상부 안전난간과 잠금장치 미설치
- 보조여수로 좌안 사면이 녹생토를 시공하였으나, 식생이 불량하고 노후하여 풍화 진행

- 보조여수로 공도교 신축이음부 노후화 및 배수구 이물질 적치, 선받침 고정볼트 탈락
- 여수로의 하단 옹벽시공 이음부 강우 시 빗물 일부 누수 및 플립 버킷 진입 사다리식 통로의 등받이울 미설치 (7m 이상 사다리식 통로는 등받이울 설치)
- 보조여수로 와이어로프 부식 우려
- 자유장 지진계의 설치방향이 댐 축 방향으로 설치되어 행정안전부 지진계 설치 기준과 차이
- 하류사면에 정밀점검 및 정밀안전진단 시 작업자 안전장치 미흡 및 여수로 직하류 영향 여부 진단 미포함

(2) 전기 분야

- 비상용발전기실 내부에 가연성 물질 보관
- 비상용발전기실 외부 인입 케이블 덕트 미접지
- 변압기 옥외 울타리 한면에 위험표지판 미부착(사면에 부착)
- 소수력 수전실 출입문에 특고압 위험표지판 미부착
- 소수력발전소 케이블트레이 관통부 방화구획을 불연성 재료로 충전하지 않고 우레탄폼으로 마감
- 소수력발전소 비상용발전기 축전지 보호커버 미설치 및 축전지 성능 불량
- 비상용발전기실 내 비치된 민방위용 방독면 유효기간 경과

(3) 가스 분야

- 관리동 식당 가스누설차단기 고장
- 가스누출자동차단장치 설치 확인 불가
- 고압산소용기 용기재검사기한 확인 불가 및 용기표면 부식과 흠집 다수확인
- 용기보관실, 전도방지 등 용기보호시설 미설치
- 가스배관 3m 이상 시 금속배관 미설치 및 호스 'T' 사용

(4) 소방 분야

- 자동화재탐지설비 중 수신기 예비전원 불량
- 자동화재탐지설비 감지기 배선 노출 및 연기감지기 설치장소 적응성 불량
- 옥내소화전 펌프실 표지판 미부착
- 옥내소화전함 내 관창 1개 미비치 및 소방호스 전개 미흡(호스걸이대에 아코디언 방식으로 비치)
- 관리사무소 및 발전소의 피난구 유도등 점등 및 조도불량
- 스프링클러헤드 감열부 페인트 오염
- 할로겐화합물 소화설비 저장용기실 천장 소화배관 방화구획 미확보(방화구획은 불연성 재료로 충전)
- 식용유 사용하는 장소에서 K급 소화기 미비치

- 제조 10년 이상 된 분말소화기 보유
  (분말소화기 내용 연수는 10년)
- 관리동 소방안전관리자 감독자 미확인
- 소방계획서의 양식을 구서식으로 작성

(5) 기타 분야

- 댐 상류 약 2km 지점 사용하지 않은 공사용 바지선과 유도선 방치
- FMS에 지사 관할 시설물 정기점검 실시일자를 일괄적으로 입력 및 댐 전경사진 누락, 유지관리 실적 지연 입력
  (실적 발생일 30일 이내 입력)
- 정밀점검 지연
- 위기대응매뉴얼 개인임무카드 내부 비상연락망 핸드폰 번호 누락
- 현장조치행동매뉴얼의 유해화학물질 유관기관인 화학물질안전원 누락
- 2016년 상반기 정기점검 점검자 관련 교육 미이수 및 안전보건교육 미실시자를 실시한 것으로 기록

5. 임도시설

1) 개요

- **안전점검 대상** : 「산림자원법」 제2조제1호라목에 따른 산림의 경영 및 관리를 위하여 설치한 도로[이하 "임도(林道)"라 한다]
- **안전점검 시기 및 실시자** : 안전점검 관련규정 없음

2) 주요 지적사항

(1) 임도시설 분야

- 성토사면의 녹화 불량 및 임도 성토사면 계곡이 물에 일부 유실(기슭막이, 바닥막이 설치 방안 마련)
- 사면의 낙석 및 토사 유실 우려와 절리, 균열부위 발생, 역구배 형성 등에 따른 안전조치 미흡
- 사면 침식에 의한 측구 막힘
- 사면 복구 시 중·상단에는 구조물이 있으나 임도와 연접하는 하단부에는 구조물이 없음
- 절토 경사면의 관리 미흡 및 절취면 적정기울기 미준수로 붕괴 위험성 증가(절취면 기울기 1:0.5 이상)
- 절토사면의 암석 이격 발생(낙석방지망 설치 방안 마련)

- 골막이 하부 누수
- 유입구 보호에 사용되는 돌이 분리되어 유입구를 막을 수 있어 견실시공 필요
- 옹벽 및 큰돌쌓기 상부 토사 퇴적물 및 사면 세굴
- 옹벽 공사 중 절치면 성토부위 붕괴로 인재발생 위험
- 횡단개거 파손 및 퇴적물 쌓임
- 수해로 인하여 배수 박스 일부 파손(통수 단면적 충분히 검토하여 파손된 구조물 관리방안 마련)

6. 축대·옹벽

1) 개요

- **안전점검 대상** : 「건축법」 제40조에 따른 축대 및 옹벽 등
- **안전점검 시기** : 「건축물관리법」 제13조에 따라 해당 건축물의 사용승인일로부터 5년 이내 최초 실시하고, 3년마다 실시
- **안전점검 실시자** : 「건축물관리법 시행령」 제13조에 따라 점검책임자는 「건축사법」에 따른 건축사, 「건설기술진흥법 시행령」 별표 1에 따른 건축 직무분야 또는 건설안전 전문분야의 특급건설기술인, 점검자는 「건축사법」에 따른 건축사보의 자격요건을 갖춘 사람, 「건설기술진흥법 시행령」 별표1 건축 직무분야의 초급건설기술인 이상인 사람

2) 주요 지적사항

- 옹벽 노후화에 의한 철근 노출 및 집수정과 배수로 이물질 퇴적
- 옹벽 상부 비탈면의 녹화상태 불량
- 아파트 모서리 부분 옹벽 전단부 마감몰탈 탈락 및 들뜸
- 콘크리트 시공조인트 부위 일부 탈락 및 신축이음부 목조 신축재 전체 부식

- 앵커 정착판 뒤로 우수 유입 가능성 및 단지 내 우수가 석축표면으로 배수
- 석축에 고목이 흡착하여 식생

  (석축의 근압(根壓)으로 손상을 촉진시킴)
- 조적조위 옹벽 설치로 생활하수 유출
- 토압이 작용하는 부분에 조적조(벽돌)로 옹벽을 시공하여 붕괴 우려
- 담장배면 주택과 단차가 발생하고 있으나 조적조로 옹벽 시공하여 전도 우려

7. 터널

1) 개요

- **안전점검 대상** : 「시설물안전법」 제7조 및 제8조에 따른 제1종, 제2종, 제3종 시설물의 터널
- **안전점검 시기 및 실시자** : 「시설물안전법」 제11조부터 제13조까지의 안전점검, 정밀안전진단, 긴급안전점검 실시

2) 주요 지적사항

(1) 시설 분야

- 터널 천장에 균열(종·횡방향)이 다수 발견되고, 벽체 누수, 콘크리트 박락, 철근노출 등 손상부위 방치
- 갱문 상부 옹벽 균열, 누수, 단차 발생
- 풍도 슬래브 시점부 백태 및 망상균열 다수 관찰
- 연락갱 측면부 비구조적 균열 다수 관찰
- 박스구조물 공동구 옹벽 벽체에 약 5m 간격 수직 균열부 보수 미실시
- 초기 점검 시 균열 현황을 현장에 표기 미실시
- 천장 3mm 초과 균열에 대한 원인분석 및 보수계획 미흡

- 환기팬 제거부 거치 부착물 존치
- 터널 벽면타일 청소상태 불량
- 폐전선, 폐 플래카드, 폐목 등 방치
- 피난연결통로 표지판 훼손 및 적치물 보관
- 터널 내 배수로를 막힌 상태로 방치되고, 입·출입구 주변에 나뭇가지 및 잡석 등이 도로상으로 떨어질 우려
- 개착구 구간 상부 슬래브 하면 긁힘 및 설치 파손
- 벽체 신축이음부 실링재 파손
- 터널 신축이음부 타일 파손 및 균열
- 공동구 콘크리트 덮개 및 맨홀덮개 파손
- 비상구 표시등 일부구간 점등 불량
- 교면 표지병(캣츠아이) 파손
- 입·출입구의 마감석재 지지대 및 실리콘 노후화로 탈락이 우려되고, 점검로로 활용되는 공동구 덮개 파손
- 입·출구부 토사유출 및 배수로 배수불량, 잡목으로 시야 미확보와 사면수로 청소 불량
- 터널입구 반사판 전도 및 터널 내 데이라이트, 표지병(標識鋲) 반사성능 저하
- 도로상황 및 차선차단조치가 가능한 정보표지판(전광

판) 미설치 및 고장 파손

- 터널 내 LED 표지판 고장 및 안전관리용 도로전광판(VMS) 고장, 운전자의 운행안전을 위해 설치한 시선유도등 고장
- 차선 규제봉 훼손 및 안전난간대 일부 파손
- 터널 진입 차단시설 이격거리 미준수
- 터널 내 도로표면수 처리시설 관리 미흡으로 배수기능 저하로 인한 경계석 월류 발생
- 터널 양측 보차도 경계석 파손
- 배수측구 덮개 파손
- 조명등(기존) 설치부 및 하부전선구 강재함 부식
- 터널 내·외측 교면 균열 및 소성 변형 발생
- 정밀안전진단 시 발견된 균열에 대한 추적관찰 미흡

(2) 전기 분야

- 조명등의 점등이 불량하며 터널전등의 누전차단기 고장
- 터널 전등 자동제어장치가 고장이고, 수전실 울타리가 법정높이(2m) 미달이며, 위험표지판 노후
- 가로등 분전함 노후로 부식

- 방재실 콘센트 과다회로 사용 및 혼잡한 배선처리
- 변전실 콘센트함 노출 사용
- 영업소 지하 통행로 부스 옆 통신전원 케이블덕트 미접지, 지하 통행로 부스 내 콘센트 전원 누전차단기 과대
- 터널 제어반 옆 분전함 외함 및 상부 조인트박스 미접지
- 지하 다차로하이패스 분전함내 서지보호장치 전용 차단기 미설치
- 수전실, 기계실 내 케이블 배선 트랜치 관통부 방화구획 미확보(방화구획은 불연성 재료로 충전)
- 수전실 출입문 위험표지판 미부착 및 수전실 내 가연성 적치물 방치
- 전기안전관리자 직무고시 관련 연간점검계획서 미작성 및 분기 점검 미흡
- 영업소 내 축전지 전해액이 일부 노출 및 교체일자 미표기
- 각 수전실 내 UPS 충·방전 점검을 주기적으로 미실시
- 변압기(4,000KVA) 상부 오일투입구 부위 누유
- 감시계측을 위한 통신설비가 1회선으로 설치되어 회선장애 등의 문제 발생 시 제어 불가

- 터널등제어반 옆 축전지 분전함 내 축전지 노후로 인한 설페이션 현상 발생
- 터널입구 터널등제어반 고정상태 불량 및 앞쪽 문 탈락
- 터널 내 LED터널시선유도등 점등 불량 및 탈락
- 터널 내 소화용 배선 조인트박스 미설치 및 노후로 부식
- 터널 입·출입구내 가로등 점검구 탈락 및 배선 접속점 방수형 접속제 미사용
- 배전반 방습조치 및 접속부 부식된 볼트와 잠금장치 보완 필요
- 노후된 특고압기기 및 특고압차단기(20년 이상 교체 권고) 교체 및 잠금장치 보완 필요
- 변압기 절연유 산가도 측정결과 기준치 0.4 이상으로 확인되어 교체 필요
- 비상용발전기 축전지 보호커버 미설치 및 관리 미흡
- 무정전 전원장치(UPS) 동작상태 불량 및 LCD 상태표시창의 노후로 육안점검 곤란
- 전기점검 시 사용되는 계측기는 년 1회 이상 정기 교정을 실시하여야 하나 미실시
- 전기안전관리자가 전기안전관리자의 직무고시에 따라 점검 미이행 및 점검기록 미보존

(3) 소방 분야

- 소화기의 용량이 부족하고 점검표를 미부착하거나 소화기보관함 앞 졸음방지 사이렌 지지대 설치로 문열림 방해 방치
- 소화기함 내 발신기 응답표시등 점등불량 및 발신기와 경종에 대하여 비방수형 사용, 지구경종 음량 미달, 전원부 단락으로 인해 화재 발생 흔적, 이물질 방치
- 소화기함의 소화기 표지 글자 탈락
- 소화기의 매월 정기점검 누락 및 표지 미설치와 먼지 등으로 식별 애로, 압력저하, 내용연수 초과, 인출 경보장치 불량
- 소화전 주·예비펌프 패킹부에 누수현상이 생기거나 소화기함 표시등 전원부 합선으로 인한 화재발생 후 방치
- 긴급전화가 고장 나거나 감도저하, 안전관리용 위험 안내표지판, 도로 전광판 고장, 상황실 미연결, 함체 부식
- 긴급전화 사용 시 신고자의 신고위치가 자동으로 표시되어야 하나 식별 곤란
- CCTV가 고장나고 영상상태가 불량하며, 피난연락갱문 자동폐쇄장치가 불량한 상태

- 옥내소화전 발신기함 내 비상콘센트 설비 먼지 및 습기 유입되고 배관 보온 케이싱 탈락
- 옥내소화전함 문의 내부에 사용요령 미표시
- 소화전 펌프 주 펌프만 운영하고 예비펌프 미설치
- 화재자동탐지 중계기 오작동 발생
- 자동화재탐지설비 터널에 설치된 감지기와 화재 조기 전파 위한 발신기 미설치
- 터널 공동구 외부에 통신선 노출 배선 및 거리표시 통로 유도등 일부 점등 불량
- 피난연락갱(피난연결통로)의 거실통로 유도등의 파손 또는 미점등
- 관리사무소 보일러실, 환기소 문서고에 피난유도등 미설치
- 피난연결통로에 방화셔터 완전 폐쇄 미흡 및 긴급 구호장비(비상조명, 공기통, 방독면 등) 미설치, 갱문 자동폐쇄장치 불량
- 피난연결통로 상·하행 측 피난유도등 전원 불량
- 집진기실 및 그 부속실 화재 시 화재 진압에 어려움 발생
- 공기정화시설 피난계단의 외부출입구 잠금장치가 비상 시 내부에서 외부로 피난에 장애

- 공기정화시설 옥외 배출구 옆 연결송수구 65A 1개로는 용량 부족 예상
- 공기호흡기 즉시 사용가능 하도록 보관하지 않고, 구매 상태로 보관함에 보관 및 공기호흡기 착용방법에 대한 교육자료 부재
- 차량(소방차) 회차로가 없어 긴급상황 시 원거리 IC에서 회차하여야 하므로 출동지연
- 터널 내부 화재발생 대비 훈련 실시한 근거 없음
- 화재대비 시나리오 및 모의훈련 미실시 및 자위소방대 교육 미흡
- 소방계획서 및 유지관리계획서가 점검일자와 불일치
- 전기실에 배치된 분말소화기 내용연한 경과
- 터널 내의 소화전 호스관리를 아코디언 방식으로 미정리
- 기계실 소화전 예비펌프 토출측 신축이음부분 배관시공 불량(수직도가 불량)
- 소화기 충압상태 불량, 내용연수 초과 및 소화기함 개폐 불가
- 비상경보설비 발신기 누름스위치 커버 탈락
- 비상경보설비 회로선 부식 및 노후

(4) 안전관리체계 분야

- 20년 이상 된 터널은 내진성능평가 의무대상이나 미실시
- 정밀안전점검 시 기본 점검항목인 콘크리트 강도조사와 탄산화시험을 실시하지 않고, 정밀안전점검 결과보고서 상의 점검위치와 현장 점검위치가 서로 상이
- 정밀안전점검 결과에 따른 결함에 대한 보수계획 미수립
- 일반적으로 안전용역 시 정부 대가기준의 70% 이상으로 계약을 하고 있으나, 일부 터널은 현저하게 낮은 금액으로 용역 실시
- FMS에 안전점검 등 결과를 30일 이내에 미입력 및 등록을 하여야 할 터널을 미등록
- FMS에 입력된 정기안전점검 실시기간과 실제 점검기간이 불일치하거나 터널관리에 대한 내용 미입력

(5) 산업안전 분야

- 제트팬 수동 조작 버튼 기능별 식별 미흡(기능과 배경색 동일)
- 저수조 상부 안전난간 미설치 및 사다리식 통로 발판과 벽과의 사이 간격 15센티미터 이상 유지 미흡
- 저수조 상부 맨홀 뚜껑 잠금장치 미설치
- 기계실 저수조 맨홀 지름 90센티미터 이상 미설치

- 저수조 점검 및 유지관리 시 이동통로 구간 조명 간섭
- 천장에 설치된 호이스트 유지관리 시 제어함과 사다리식 통로 사이 발판 및 안전난간 미설치
- 에어컨 필터 청소관리 미흡
- 급·배기팬 배관 상부 유지관리 시 안전난간 또는 안전대 부착설비 미설치로 추락 위험
- 터널 관련 설계서 부재 및 시설물 관리대장 미제출
- 점검표 상의 점검자는 자격요건이 되는 자로 허위 기재하고 실제 현장점검은 무자격자가 실시
- 방재실 내부장비 모니터링 장비 없음
- 터널 재방송과 비상방송장치와 신호연계 미흡
- 재난방송 시 AM 및 DMB 방송을 통해 수신이 가능하도록 송수신기 확충 필요
- 터널관리체계상 군부대와 긴밀히 협조해야 함에도 비상연락망에 군 연락처 누락
- 대응매뉴얼 내 장비보유현황 및 재난상황 시나리오분야 누락
- 연간 유지관리계획서 미제출
- 2016년 정기안전점검 실시자가 교육을 미이수하거나, 2016년도 상반기 정기안전점검 실시자는 점검 이후에 교육 이수

제 3 절 기타시설물 분야

1. 겨울철 지역축제(지역축제)

1) 개요

- **안전점검 대상** : 「재난안전법」 제66조의11에 따른 지역축제 관련 시설물

- **안전관리계획 제출** : 「재난안전법 시행령」 제73조의9에 따라 지역축제를 개최하려는 자는 지역축제 안전관리계획을 수립하여 축제 개최일 3주 전까지 관할 시장·군수·구청장에게 제출
  ※ 변경하려는 경우 해당 축제 개최일 7일전까지 변경된 내용을 제출

- **점검시기 및 실시자** : 안전관리계획에 따라 시설물 설치 완료 후에 지역축제 행사 1~2일 전에 지자체 등의 합동 지도·점검 실시

2) 주요 지적사항

(1) 가설구조물 분야

- 시스템비계의(강관틀 비계, 작업발판, 무대배경) 과도한 부식이나 단면손상 발생, 성능시험 미 통과된 제품 사용

- 가설구조물의 구조안전확인서 및 조립도 미구비, 조립도에 따른 미설치
- 가설구조물이 각 부재의 연결상태 및 지지상태 미흡
- 가설구조물 설치하는 작업자의 개인보호구 미착용
- 작업자의 자격유무나 특별안전교육 실시 여부 확인 곤란
- 가설구조물 구성하는 재료는 「산업안전보건법」에 규정한 안전인증품 또는 한국산업안전표준 인증품의 사용원칙이나 공연·행사는 해당되지 않음

(2) 시설 분야

- 현수교 장력 부족
- 트레킹 길 부교 고정 및 난간로프 장력 부족
- 관중석 및 행사장 진출입 철재 계단 발판의 미끄럼방지 시설 미설치
- 행사장 무대 앞쪽 'X'밴드 미설치

  (무대의 안전성 확인을 위한 'X'밴드 설치)

- 얼음축구장 경계라인 목재로 설치되어 안전사고 우려

  (목재 경계부 완충재료 설치)

- 얼음미끄럼틀 이탈방지시설 미설치 및 얼음동굴 내 천장 고드름 위험

- 맨손 송어잡이 장소 스탠드 얼음으로 부상사고 우려 및 천공한 얼음이 낚시터에 쌓여있어 사고 위험

  (미끄럼방지용 매트 등 설치)

- 매점 연탄난로 사용

  (일산화탄소 중독 위험 수시 확인 및 CO감지기 설치)

- 눈 작업자 안전모 및 어린이 놀이시설 이용 시 보호장구 미착용

(3) 전기 분야

- 옥외전선 방수처리 미흡

  (옥외전선 연결부위의 단자함 내 연결)

- 운영부스별 및 전선 분기에 따른 개별 차단기 미사용
- 무균소득실 및 매표소 구조물의 미접지

  (전기기계기구인 냉장고, 에어컨, 전동기 등 접지)

- 접지형 멀티탭 미사용(콘센트 접지형 사용)
- 빙어체험장 일반용 콘센트 사용

  (물기 있는 곳에는 방적형(커버용) 사용)

- 옥외분전반 잠금장치 미흡 및 메인 배전반 접지저항 (600Ω) 과다(접지저항 100Ω 이하)
- 임시전력 전기안전관리자 미선임(임시전력 665KW시 선임)

(4) 가스 분야

- 금속 가스배관 및 용기전도 방지장치 미설치

  (호스 3m 초과 시 금속배관, 용기전도 방지장치 설치)

- 호스 T자 사용(T자 배관은 강관배관 사용)

- 가스배관 미도색 (가스배관은 황색도색 또는 기타 도색 후 황색이중안전띠로 표시)

- 가스누출자동차단장치 및 가스누설경보기 미설치

- 매점 조리실 배관 막음조치 미실시

  (연소기가 연결되지 않은 배관 말단부는 안전캡으로 막음조치 실시)

- 가스용기 충전기한 초과

- 이동식프로판 연소기 실내 사용

(5) 소방 분야

- 식용유 사용 식당에 K급 소화기 미배치

- 내용연수 10년 초과 분말소화기 배치

- 야외 장작난로 주위에 분말소화기 미배치

- 비상대비 유도등 설치 부적정

  (출입구, 비상구, 계단참 등에 설치)

(6) 보건·위생 분야

- 식당 등 업소의 부적합 음용수 사용

  (임시식당의 식품용수는 수돗물 또는 수질검사 적합한 음용수 사용)

- 냉동식품의 적정한 온도관리 미흡

  (냉동식품은 -18℃ 이하에서 관리)

(7) 기타 분야

- 효율적인 비상방송 송출 준비 미흡

  (사례별 비상방송 시나리오 문구를 사전 제정, 비치 및 활용)

- 실내놀이터 환기상태 미흡, 송풍장치 접근 미실시
- 놀이기구 고정장치 풀림 및 접근제한 울타리 미설치

2. 궤도 및 삭도시설

1) 개요

- **안전점검 대상** : 「궤도운송법」 제4조에 따른 궤도사업의 허가를 받아 준공검사를 받은 시설물

- **정기검사** : 「궤도운송법」 제19조에 따라 매년 실시하는 검사. 이 경우 그 유효기간은 정기검사일부터 1년으로 하며, 최초 정기검사는 준공검사일부터 1년 이내

- **정기점검 및 실시자** : 「궤도운송법」 제30조에 따라 시장·군수·구청장 또는 특별시장·광역시장은 궤도의 건설 및 안전 관련 규정의 준수 등과 관련하여 궤도사업자 및 전용궤도운영자에게 필요한 사항의 보고를 명하거나, 소속 공무원에게 해당 궤도시설을 검사를 하도록 하고 있으나 정기점검 및 정기점검 실시자에 대한 규정은 없음
  ※ 정기검사는 한국교통안전공단에서 실시

2) 주요 지적사항

(1) 시설 분야

- 건축물 옥상 난간 철골구조물 부식 및 도장 박리
- 승하차장의 벽체 및 기둥 철골구조 연결부 균열과 미세 누수 발생, 천장마감재 파손

- 게비온 옹벽 하부 지반 유실 및 하부승강장 인접 계곡부 석축 유실로 우기 시 지속적 토사 유실
- 보강토 옹벽부 상부 보강블록 내측 미소변위 발생 및 난간 간살격 과다(10cm 이상)
- 하부정류장 근접 굴착공사에 따른 기존 옹벽 안전성 불량
- 하부승강장 배수로 주변 낙석으로 인한 배수기능 저하 우려
- 하부정류장의 진입도로구간 석축 손상 발생, 주변 절토사면 붕괴 발생, 임도의 절개사면 추가 붕괴 위험
- 승강장의 옥상 배수 체수 및 지장물 존치와 주변 산책로 계단 배수로 미설치, 출구 계단 기초 하부 세굴 발생, 외부 벽체 누수
- 공사용 가도 사면보호 미흡으로 토사유실
- 석축의 상부 및 사면 안전성 불량, 석축 옹벽 배부름 및 옹벽 재료 간 유격 발생
- 상부 승하차장의 옹벽부 상단 포집공간 부족 및 사면구간 낙석발생 우려
- 역 제방사면 유실 및 석축 붕괴 우려
- 교량과 하부통행 차량 충돌 우려
- 역사 천장마감재 석면텍스 시공

    (석면안전관리자 선임, 연 2회 이상 관리상태 점검)

- 정류장 옥상과 연결된 7m 이상의 사다리식 통로의 등받이울 미설치
- 에어컨 실외기 바람막이 미설치
- 승하차장 난간간살 간격(10cm 이상) 및 설치구조 미흡 (수직설치, 간살간격 10cm 이하)
- 승강장 인근 정화조 건설공사장 개구부 방호조치 미흡 및 개인 보호구 미착용

(2) 전기 분야

- 각층 EPS실 케이블트레이 방화구획 미확보

  (방화구획 불연성 재료로 충전)
- 각층 분전함 잠금장치 미설치 및 분전반 내 케이블 증설로 인해 분전반 잠금장치 불가
- 분전함 에어컨회로 허용전류 초과 및 기계실 전기패널이 임시분전함으로 사용(CV 2.5㎟ → 4.0㎟ 이상, 분전함은 난연성 및 불연성으로 사용)
- 모노레일 분전함 방수기능이 없는 옥내용 설치 및 분전함 내 SPD 보호용 차단기 미설치

  (외부 및 물기 있는 곳은 방수형 분전함 사용)
- 에어컨 분전함 단상회로, 가로등 조명기기 내 방수형의 누전차단기 미설치

- 점포 내 콘센트, 가로등 분전함 콘센트, 차량 조작분전함 외함의 미접지
- 비상용발전기실 내 축전지 권장사용 주기 초과 및 보호커버 미설치

  (축전지는 3년마다 교체 권장)
- 수전실의 가연성 적치물 방치, 패널 변압기 온도센서 불량, 출입문에 위험표시판 및 출입제한 안내표지판 미부착
- 전류측정기 등 9종 보유 점검용 측정기기 검·교정 미실시 및 점검·정비 기기 미확보
- 전기안전관리자 직무고시 미실시(2016.2.7. 시행)

(3) 가스 분야

- 가스누출자동차단장치의 작동 불량
- LPG와 산소용기 혼합보관 및 고압호스(토치호스) 연결방법 부적절(호수와 호수 연결)
- 소형저장탱크의 기초 밑 토사유실, 주위 5m 이내 인화성 및 발화성 물질 보관
- CO_2 가스용접기용 액화탄산가스용기 보호캡 미설치

(4) 소방 분야

- 스프링클러의 헤드 미설치, 알람밸브 1, 2차측 압력 차이 발생, 송수구 체크밸브 작동 불량
- 수신반 주경종 음향 불량(90dB 미만) 및 주경종 미설치, 각 층별 발신기 지구경종 불량
- 시각경보기 전원장치 오동작
- 자동화재탐지설비의 로비회로 동작 불량
- 펌프실 MCC패널 주펌프와 보조펌프 명판 바뀜 및 소방예비펌프의 엔진펌프 연료 부족(보조펌프→예비펌프)
- 방화문 도어스토퍼 설치 및 옥상방화문 손잡이 방향 오류
- 방화셔터 연동 불량 및 하부 적치물 방치
- 모노레일 및 건축물 내 소화기 위치표시판 미부착, 소화기함 미고정, 캐빈 내 소화기 내구연한(10년) 경과
- 방풍실 피난유도등 미설치
- 사무실 감지기 작동 불량 및 미설치
- 관제실, 직원휴게실 내 단독경보형감지기 미설치
- 피난기구(완강기) 위치표시판 미부착
- 비상방송설비 출력 불량
- 경계구역 일람도 미비치(수신기, 상·하부)
- 피난안내도에 현 위치 미표시 및 규격 변경(A4→A3)

- 소방계획서 신서식으로 현행화 미흡
- 다중이용업소 세부점검표 미비치

(5) 승강기 분야

- 승강기의 권상기 및 조속기 보호커버 미부착
- 승강장 승강기 주의표시 및 고유번호 미부착, 안전관리자 미선임
- 승강기 비상통화장치의 유지관리업체 연결오류와 2차 연결 미조치, 작동상태 불량(근무자가 상주하는 장소에 1차 연결 후 미연결 시 유지관리업체에 연결토록 조치)
- 수직형 휠체어리프트의 비상통화장치 작동 불량

(6) 궤도 및 삭도시설 분야

<궤도 분야>

- 급경사지에 설치된 지주기초 하부 세굴 및 콘크리트 균열 발생, 지주 침하판 하부지반 세굴발생으로 레일 침하 우려
- 계곡부에 설치된 지주기초 세굴
- 하부승강장 인근의 지주기초 설치 사면인근 사면 세굴 및 지반 흘러내림 발생
- 교량상부 난간설치 미흡

- 궤도 침목 받침블록 파손 및 균열 발생
- 선로 및 승·하차장 슬래브 하면 균열과 백화현상 발생
- 모노레일 레일 기름받이 미설치 및 배수로 막힘
- 비상대피로 일부구간 수목 미정리
- 레일부 강재 및 레일 부재연결부(볼트, 용접)의 부식, 주행레일 일부구간 피팅(깎임 현상) 발생
- 모노레일 상·하부 발판사이 안전난간 미설치
- 모노레일의 차량 내 창문파괴기 미설치, 안전밸트 일부 노후화, 운행 중 차량 전면부 좌우측면 아크릴문임의 개방 시 위험
- 하부 정류장의 차량 하차 시 차량 흔들림으로 인해 어린이 승객 발빠짐 우려(승강장과 차량 간격 10cm 이하로 조정)
- 운행 장애 발생(MFC 고장, 퓨즈단선)으로 장애
- 차량중정비(5년 또는 100,000km)의 세부계획 미수립
- 정비실 유지보수 시 일반사다리 작업으로 추락 및 미끄럼 사고 위험, 천장 호이스트 크레인 유지보수 작업공간 미확보, 안전대 걸이 없이 작업 등 안전관리 미흡
- 차고지 유지·관리용 사다리 미끄럼방지, 발끝막이 미설치
- 차고지 선로구간에 민간인 출입에 따른 사고 및 시설손상 우려

<삭도 분야>

- 지주에 설치된 7m 이상의 사다리식 통로의 등받이울 미설치 및 계단참 까치집 설치, 지주의 사다리식 통로 및 지주와의 연결부 변형, 기초부위 콘크리트 주변 수목 미제거

- 게비온 옹벽의 안전성 미검토 및 데크기초 지지구간 침하 와 변형 발생, 안전난간대 미설치

- 케빈 이송장치(기계실) 상부 근로자 이동 계단 간격 과다, 와이어로프 회전부 방호커버, 벨트 등 방호울 설치 필요 등 안전관리 미흡

- 케빈 보관실 상부 점검통로 및 증층슬래브 구간, 정류장 유지관리용 보도 구간의 안전난간 미설치 및 설치 미흡

- 정비실 이동식비계 안전난간 및 아웃트리거 미설치로 추락 위험

- 하부정류장 차량도어 감지브라켓 진동 과다

<공통 분야>

- 안전관리책임자 신규교육 및 궤도 운송종사자 전문교육 미실시(종사 전 8시간 교육 실시)

- 종사원 교육일지 누락

- 의무보험 가입기준 미달(1인당 2억 이상 가입)

(7) 보건·위생 분야

- 식자재 보관용 냉장고 외부 온도계 미설치

- 식당 대형냉장고(워크인 냉장고) 식자재 보관장소 조도 확보가 미흡하여 식자재 상태, 라벨 등 식별 어려움

- 냉장고에 보관중인 케이크 앤 디저트 도핑 유통기한 초과

- 자외선 소독기 램프 수명을 다해 기능 상실

- 조리실 내 보관 용기에 대한 식별표시, 덮개 미설치

- 조리실 업무용 대형연소기 상부에 환기시설 미설치

- 청소용품 보관함 화학약품(소독제) 관리 미흡

    (용기에 액체명, 주의사항 등 물질안전보건자료 표지 표기)

- 냉온수기 정기점검사항 관리카드 미기록 및 에어필터 미교체

- 천장 에어컨 필터관리 미흡

3. 문화재시설

1) 개요

- **안전점검 대상** : 「문화재보호법」 제2조제1호에 따른 유형문화재 중 목조건축물과 그 관련 시설
- **정기조사 시기** : 「문호재보호법」 제44조 및 같은법 시행규칙 제28조에 따라 3년마다 실시
- **안전점검 실시자** : 「문화재보호법 시행령」 제28조에 따라 문화재청장은 국가지정문화재의 정기조사와 재조사를 다음 각 호의 어느 하나에 해당하는 기관 또는 단체에 위탁
  - 문화재 관련 조사, 연구, 교육, 수리 또는 학술 활동을 목적으로 설립된 법인 또는 단체
  - 「박물관 및 미술관 진흥법」 제10조 및 제12조부터 제14조까지의 규정에 따른 박물관 또는 미술관
  - 「고등교육법」 제2조에 따른 학교의 문화재 관련 부설 연구기관 또는 산학협력단

2) 주요 지적사항

(1) 문화재시설 분야

- 성벽 및 성벽 상부 초본식물 자생, 여장부 강회다짐 훼손

- 기단부의 토압발생으로 건축물 안전영향 및 기단 상면 줄눈 사춤재 유실, 침하와 배수로 정비 불량
- 석축부의 이격(균열) 및 단차 발생, 일부 구간 풍화(박락)
- 바닥 마감재 파손, 사춤재 유실 및 장대석 이격

  (지대 상면 파손 및 마감재 사춤, 장대석 상태 확인)
- 목조 문화재 시멘트 주초 열화 진행 및 기둥 균열부 내 충류 발생(기둥 균열부 내 흰개미, 벌집 등 충류 서식 여부 확인)
- 벽체 마감재 들뜸 및 박락, 내림마루 부분 누수
- 창방, 보, 기둥, 추녀, 서까래의 균열 및, 처마하중으로 인한 지붕 들림 현상 발생
- 목조문화재 용마루, 취두의 초본식물 자생
- 경판 보관시설의 내부 보호(방충)망 부실

  (국보 및 문화유산의 격에 맞는 동망 등 적절한 보호(방충)망 설치)
- 석조물 균류에 의한 훼손 및 고분군 수목에 의한 보존환경 불량
- 침입 감시카메라 주변 잡목에 의한 시야 확보 미흡
- 탐방로 콘크리트 보도 단차로 인한 안전사고 및 우수 등으로 인한 토사유실 사고 우려

  (안전사고 경고문구 표시 및 위험요소 제거)

- 출입구 휠체어 이동통로 턱 설치

  (휠체어 등 출입 가능하도록 설치)

(2) 전기 분야

- 부속시설(CCTV, 전등 등) 본 부재에 고정(피스, 못 등) 설치, 내부 폐 전선설비 존치
- 통신함, 행사용 경관조명 분기 콘센트의 미접지
- 분전함의 배선 과적, 잠금장치 불량 및 분진 과다
- 종무소 옆 차단기 외부 노출(차단기는 분전함 내에 설치)
- 패널 허용전류보다 높은(30A) 누전차단기 설치 및 화장실 내 샤워실의 콘센트회로 고감도형(15mA) 누전차단기 미사용

  (누전차단기의 허용전류(30A → 20A))
- 상가용 저압 인입케이블 전선관 엔트런스 캡 미시공
- 지중선로 외부 노출(지중전선로는 60cm 이상 깊이로 매설하고 그 위를 견고한 판 또는 몰드로 덮음)
- 수전실의 보호울타리 가연성 재질로 부적합, 보호울타리 하단 개구부로 나뭇잎 및 토사 유입, 위험표지판 등 미부착
- 지붕 피뢰설비(피뢰침) 기울어짐 발생

(3) 소방 분야

- 캐비닛형 자동소화장치 솔레노이드 밸브 분리
- 옥외소화전의 좌우측 스핀들 고착 등 관리 미흡, 예비호스 부족(화재 진압에 활용 가능한 거리의 예비호스 비치)
- 승강기식 호스릴 소화전 작동 불편
 (승강기식 호스릴 소화전 공간 확보)
- 소화기와 소화기 보관함의 탈색 및 부식
- 식용류를 사용하는 주방에 K급 소화기 미비치
- 불꽃감지기 부족(불꽃감지기의 사각지대 없도록 설치)
- 자동화재속보설비 상황실 연동 불량
- 소방계획서 작성 미흡(소방계획서에 근무인원, 용도별 현황부문, 소방훈련 등 소방계획서 상의 기록사항 정확하게 기록)

(4) 보건·위생 분야

- 조리실 안에서 발생하는 유해가스 매연, 증기 등 상부에 환기시설 미설치
- 조리기구(칼, 도마 등)용도 구분하고 정기적인 소독관리 미실시(조리기구는 육류용과 채소용 등 용도별로 구분)
- 조리실 내 보관용기에 대한 식별표시 관리 미흡

- 워크인 냉장고 식자재 보관장소의 조도확보가 불량하여 식자재 상태, 라벨 등 식별 곤란

 (방진방수 등급을 만족하는 조명등 설치)
- 주막 등에 방충망 미설치로 해충 유입

4. 미세먼지 관련 사업장 및 시설물

1) 개요

- 안전점검 대상 :

  - 「대기환경보전법」 제43조에 따른 건설공사장

  - 「대기관리권역법」에 따른 특정건설기계 저공화계획, 공항대기개선계획 등

  - 「항만대기권법」에 따른 항만시설, 하역장비 저감조치, 자동차출입제한, 석탄·곡물저장시설, 육상전원공급설비 등

  - 「실내공기질법」에 따른 다중이용시설, 신축 공동주택, 대중교통차량, 지하역사 공기질관리, 대중교통시설 등

  - 「미세먼지법」에 따른 종합계획 및 시행계획, 비상저감조치, 집중관리구역, 미세먼지 쉼터, 미세먼지 간이측정기 등

  - 「학교보건법」에 따른 학교 각 교실에 공기를 정하는 설비 및 미세먼지를 측정하는 기기 설치 등

  - 「도시숲법」에 따른 도시바람길숲사업 등

- **안전점검 시기 및 실시자** : 미세먼지 관련 정기적인 점검 및 실시자에 대하여는 명확하게 미규정

2) 주요 지적사항

(1) 유치원·초·중·고등학교

- 각 교실에 비치한 공기정화설비가 미세먼지 농도를 표시하는 기능 미탑재
- 미세먼지 측정기 미확보 및 미개봉

  (학교별 최소 2개 이상 확보, 미세먼지 나쁨 시 가동)

(2) 어린이집

- 어린이집 소유자가 실내공기질 측정하여 제출한 결과가 유지기준을 초과하였으나 재측정 등 후속조치 미실시
- 안전점검 시 실내공기질을 측정한 결과 실내공기질 유지 및 권고기준 초과
- 공기정화설비 소모품 교체이력 미관리

(3) 비산먼지 발생사업장

- 야적물질 1일 이상 보관하는 경우 방진덮개 미 덮음
- 야적할 때 비산먼지가 날리지 않도록 살수시설을 설치하여 살수반경 5m 이상 살수하여야 하나 미실시
- 풍속이 8m/sec 이상 시 싣기 및 내리기 등 작업을 중지하기 위한 풍속계 미설치

- 수송차량은 적재함 상단 5cm 이하 적재 미이행

(4) 대중교통차량

- 고속 및 직행버스 필터의 청소불량 및 이력관리 미실시
- 지하철 객차의 현장점검 시 측정한 결과 권고기준 초과

(5) 지하역사

- 미세먼지측정기 및 공기정화설비 배치 간격(1m 미만) 부적정
- 미세먼지측정기와 공기정화설비 미연동
- 수도권 주요 지하역사 실내공기질의 초미세먼지 유지기준 초과

(6) 항만시설

- 육상전원공급설비 안전기준 미흡
- 5등급 이하 차량 출입제한 미실시

(7) 도시바람길숲사업

- 도시바람길숲사업 심사 시 도시계획 및 미세먼지 전문가 참여와 관련부서 협의 필요
- 국민 참여 및 사업성과 측정관리시스템 구축 필요

(8) 기타

- 미세먼지 담당자에 대한 전문교육 이수 미흡
- 관용차량 배기가스 저감장치 설치 미흡

5. 산업단지

1) 개요

- **안전점검 대상** : 「산업입지법」 제2조제8호에 따른 국가산업단지, 일반산업단지, 도시첨단산업단지, 농공단지, 스마트그린산업단지 내의 시설물

- **안전점검 시기 및 실시자** : 「산업입지법」에는 안전점검 시기 및 실시자에 대한 규정은 없고, 「시설물안전법」, 「건축물관리법」, 「화학물질관리법」, 「소방시설법」, 「고압가스법」, 「전기안전관리법」 등의 개별법에 따라 실시

2) 주요 지적사항

(1) 재난대응 분야

- 재난대응매뉴얼에 따른 신속한 대응을 위한 유관기관 협조체계 미흡

- 일부 중규모 사업장은 재난대응매뉴얼이 없거나, 유관기관 비상연락망 현행화 상태 미흡

- 산업단지공단은 국가산업단지의 재난관리책임기관이지만 인력 및 예산부족으로 사업장과의 업무협조체계 미흡 (「산업입지법 시행령」 제58조의 산업단지 안전관리는 의무사항이 아니므로 인력 및 예산편성에 뒷받침이 되지 않아 업무수행에 한계)

(2) 유해화학물질관리 분야

- 도금작업장의 염산탱크 지지구조물 부식으로 붕괴 위험
- 황산, 염산 이송배관의 지지대 미설치로 배관 파손 위험
- 황산탱크, 가성소다탱크, 수산화나트륨 등 유해화학물질 저장소에 누출방지용 방류벽 미설치
- 유해화학물질 배관 관로 끝단에 마감처리 불량
- 질산 저장탱크 방유제 배관 통과부 실링 처리 미흡, 누설위험
- 유해화학물질 저장소의 누출 전용배관을 설치하지 않아 화학물질이 우수시설로 누출 우려
- 황산탱크 압력계가 오염되어 과압 등의 위험상황 식별 불가
- 적재 하역장소 유출방지시설 미흡 및 액상출하장소 바닥 균열 발생
- 유독물 차량 하역장소에 유출방지턱의 미설치 및 노후로 콘크리트 균열 발생
- 하역장소에 정전기 발생 방지시설 미설치
- 질산, 가성소다탱크, 염산탱크의 물질안전보건자료(MSDS) 표지 미부착 및 비규격 표지판 부착
- 저장시설 액상 유해화학물질 하역 시 안전수칙 게시판 미설치

- 유해물질 취급하는 실내작업장 흡연, 음식물 섭취 금지 표시판 미설치
- 특별관리물질(납, 황산) 취급일지에 작업내용 기재 누락
- 유독물 저장소 내 기름제거용 헝겊 방치
- 유해화학물질 주입구 잠금장치 부실
- 실내보관시설 송기마스크 미비치 및 공기호흡기 사용관리 부실
- 개인보호장구 비치 및 관리 미흡

(3) 위험물관리 분야

- 위험물저장소의 경계로부터 3m 이내에 제품 등 적치물 보관장소로 사용
- 유해화학물질저장소에 지정수량을 초과한 위험물질(에탄올 등) 보관으로 비상 시 대처 어려움
- 옥외탱크저장소 및 배수로, 집수조 퇴적
- 옥외저장탱크의 접속배관 열림, 닫힘방향 및 내용물 흐름방향 미표시, 진입하기 위한 통로 미설치
- 초산 저장탱크 상부 전선 노출
- 인화성 액체 저장탱크 인화성방지망 기능 상실
- 옥내저장소 조명설비 작동 불량

- 탱크야드 물분무소화설비 각 밸브별 살수구역 미표기
- 포소화약제설비 및 물분무 송수구 앞 보완철망 개구부 미설치
- 옥외탱크저장소 방유제 내 TK-205 포화설비 누수
- 경유 저장탱크 통기관 인화방지망 미부착 및 물질안전보건자료(MSDS) 표지 미부착
- 위험물 옥외저장소에 피뢰설비 미설치
- 위험물시설 설치도면 관리 소홀 및 위험물 일반 취급소 표지판 미설치
- 위험물 안전관리자 부재 대비 대리자 미지정 및 위험물 취급일지 미작성

(4) 전기 분야

- 비상용발전기실 내의 전선과 통신선이 문어발식으로 엉켜있어 누전에 의한 화재 위험
- 비상용발전기의 축전지 보호커버 미설치
- 고압변전실 울타리에 잠금장치 및 위험표지판 미부착으로 미인가자 출입에 따른 사고 위험
- 지게차 충전시설 전선손상 및 짓눌림 발생
- 사무실 분기 및 응축수 펌프, 용접기의 누전차단기 미설치

- 주조공장 콘센트반 및 콘센트, 냉방기기 외함, 전기시설 보호울타리의 미접지
- 케이블트레이 등 현장 곳곳에 케이블 포설용량 과다 및 노후
- 변압기의 접지선 누설전류 초과
- 수전실의 지시계기 및 누전경보기 동작 불량, 정류기반의 과전압보호계전기(OVR) 동작
- 옥외 수배전반 부식과 특고압수전실 누수에 의한 정전 및 감전사고 우려
- 큐비클 내부 적치물 방치, 특고압전기설비 분진과다, 수배전반 개구부로 인해 쥐, 고양이 등 침투 우려
- 전기 계측장비 검·교정 1회/년 이상 미실시 및 미보유
- 전기안전관리자 직무고시 관련 절연저항 및 접지저항 점검기록 미보유 및 주기적 점검 등 직무고시 미이행

(5) 가스 분야

- 정압기실 내 이상압력 통보 설비 압력조정 필요, 차압밸브 차단 및 긴급 차단밸브 복구 미제거
- 도시가스 배관라인 밸브 및 압력 게이지 부분에 가스 누출 발견, 밸브 및 배관 부식, 누출
- 질소배관의 끝단부에 막음처리 미실시

- 냉동기 조작방법 매뉴얼 미부착 및 토출가스 고온 운전
- 미사용 가스 사용시설 개방상태 및 압력조정기실 내 인화물질 방치
- 가스저장시설의 가스누출감지경보기 미작동 및 수신기 위치 부적정
- 아세틸렌 및 LPG 가스용기 전도방지 미실시
- 액화가스저장탱크(1ton 이상)는 1년 1회 이상 지반침하를 측정하도록 하고 있으나, 측정기록 없음
- 질소저장탱크 물질안전보건자료(MSDS) 미비치 되어 작업자가 쉽게 확인할 수 있는 장소에 비치
- 가연성가스(수소)저장시설에 대한 접지 저항값 주기적 측정 미실시
- 위험표지 노후 및 관리책임자 오표기
- 고압가스 및 LPG저장소 출입문 긴급연락처 미흡

(6) 소방 분야

- 물분무소화설비 밸브 본체 파손(균열) 및 압력계 노후 부식
- 연결살수송수구 옆 실외기 설치로 살수설비 사용 불가 및 송수구 위치 부적정

- 옥내·외소화전 설비 성능시험 배관 유량계 작동 및 가압 송수 펌프 불량
- 옥내소화전 방수구 접결부 부식 및 풀림장애, 예비펌프 누수
- 스프링클러 주펌프 성능미달 및 스프링클러 설비 감지기 선로 단선(토출량 기준 : 2,400 L/min, 압력 4.8kg/㎠)
- 연기감지기 미설치 및 피난구 용도에 맞지 않은 통로유도등 설치
- 자동화재탐지설비 전원부 퓨즈 단선 및 주경종 불량
- 공장사무실 방화문 하단에 도어스토퍼 설치 및 전기실 내 소화기 미비치
- 소방차 고임목 미설치
- 소방계획서 상 화학재난방제센터 협력체계 미반영
- 자위소방대 교대특성상 4~6명 근무자가 있어 자위소방대 실제 운영 불가능

(7) 산업시설 분야

- 인화성액체 저장탱크의 화재·폭발 방지를 위한 붕괴사고 위험
- 작업장 계단의 구조물 빔의 과다한 부식
- 옥외저장탱크의 나선형 계단 안전난간대 미설치 및 난간 높이 부적정

- 지게차의 작업반경 내 근로자 통행으로 충돌 위험 및 후진 시 경광등 미작동, 통로와 인접한 출입구에 비상등, 비상벨 등 경보장치 미설치
- 비상집결장소에 트레일러 적재로 통로 미확보
- 호이스트 정격하중 및 펜던트 스위치에 방향 미표시
- 탱크 상부 난간 미설치 및 동력전달부 방호덮개 미설치
- 차량 접안장소 정전기 방전장치 미설치
- 염산탱크, 아연용유로 등 미사용 설비에 대한 휴지 표시 미표시
- 용접, 인화성물질취급, 크레인, 지게차, 중량물 취급에 대한 안전보건에 관한 특별교육 미실시

6. 스키장업

1) 개요

- **안전점검 대상** :「체육시설법」 제2조제2호에 따른 체육시설업 중 스키장업 시설

- **안전점검 시기** :「체육시설법」 제4조의3에 따라 반기별로 점검 실시

- **안전점검 실시자** :「체육시설 안전점검 지침」에 따라 재난관리책임기관의 장은 체육시설 특성 및 점검 목적에 맞추어 해당분야(시설물 분야, 소방시설 분야, 체육시설법 관련 규정 준수 분야) 공무원(담당자)과 민간전문가 등으로 점검반을 구성하여 안전점검을 실시

2) 주요 지적사항

(1) 시설 분야

- 슬로프 통행로 화단 외측 벽체 수직균열(CW : 0.2mm 이상)

- 주출입구 천장 마감재 스팬드럴 탈락 및 지하층 슬래브 하면 균열(누수) 보수부 재균열과 누수

- 계단참 난간높이 부족 및 간살 간격 부적절

   (난간높이 1.2m 이상 확보 및 간살은 10cm 이내)

- 옥상 난간높이 부족(100cm 이하)

  (난간높이 120cm 이상 확보)
- 리프트 직원용 통로에 안전난간대 미설치
- 골프장 로터리 구간 석축 이완 및 채움재 파손

(2) 전기 분야

- EPS실 내 적치물 보관 및 불필요 콘센트 설치
- 전기실, EPS실의 케이블 관통부 방화구획 미확보

  (방화구획 불연성 재료로 충전)
- 옥외 가로등 접지 접속 불량 및 접지선 탈락
- 옥외 콘테이터 매점, 비상용발전기 외함, 분전함, 멀티탭, 주방에 방적형(커버용) 콘센트의 미접지
- 옥외 시계탑의 누전차단기 미사용
- 조명탑 사다리식 통로의 등받이울 미설치

  (「산업안전보건에 관한 규칙」 제24조에 따라 높이 7m 이상 사다리 등은 사다리가 설치된 2.5m 이상 위치에서부터 등받이울 등을 적정하게 설치)

  ※ 사다리식 통로가 10m 이상인 경우 5m 이내 마다 계단참 설치
- 전기 역률 저하(92.45%) (전기 역률 95% 이상 유지)

- 비상용발전기 소모품 미교체(엔진오일, 냉각수, 축전지 3년마다 교체 권장)
- 전기 안전장구 미확보 및 미시험

  (안전모, 안전화, 절연장갑, 활선경보기 등 확보 및 시험)
- 계측장비 교정 미이행(계측장비 연 1회 교정)

(3) 가스 분야

- 정압기의 2차 압력조정기 폐쇄기능 작동 불량, 자기압력기록지는 사용압력에 적절한 용지 미사용
- 고압가스용기(산소, 알곤) 전도방지 및 용기밸브 보호캡 미조치, 재검사 기한 초과
- LPG용기 실내 보관

  (가연성 가스인 LPG 용기는 실외 환기가 양호한 장소에 보관 및 용기보호 조치)
- LPG 용기보관실 유리창 설치로 사고 시 유리 비산 우려

  (용기보관실 유리창 설치한 경우 비산방지 안전필름 사용)
- 저장소 배관 안전밸브 작동시험 결과 확인 불가

  (압축기 토출측 안전밸브는 1년에 1회 이상, 기타 안전밸브는 2년에 1회 이상 작동시험 실시)
- 주방내부 가스검지기 커버 설치

- 가스배관 미고정, 가스누출차단장치 작동불량, 미호환 배기통 연결시공, 배기통 이음부 마감 미비

(4) 소방 분야

- 스프링클러의 헤드 살수장애 및 함몰, 반경 60cm 이상 공간 미확보
- 피난유도등 점등 불량 및 경종 단종, 완강기함 미비치
- 방화문 탈락(방화문은 항상 닫힘 상태 유지) 및 비상구 앞 블라인드 적치물 방치
- 옥상수조 옥내 소화전의 게이트 노후
- 동력제어반 스프링클러 주펌프 off 램프 불량
- 휴대용 비상조명등의 램프 불량

(5) 스키시설 분야

- 슬로프의 안전망 인근 얼음덩어리 일부 존재, 하단 안전망 및 안전매트 미설치, 하부 정설 부족

  (슬로프 하부 안전망과 안전매트는 설면과 접촉 상태)

- 초급자 슬로프의 안전망 부근 정설 및 제설 미실시, 일부 위험구간 상단부 안전망 미설치

  (슬로프 안전망(설면기준 1.5m 이상) 설치)

- 오픈된 슬로프에 안전수칙을 이용자들이 볼 수 있도록 시야가 확보된 위치에 미설치
- 장비대여소 카페테리아 피난안내도 미흡
- 의무실에 의료품 미비치
- 안전요원 교육, 안전수칙 게시 등 부족
- 스키장 개장일(12.18.)의 체육시설업 기준에 맞는 스키 지도요원 및 적정인원에 대한 명단 미제출, 안전요원 미배치

(6) 삭도 분야

- 초급자 리프트의 선로 운반기구 0.5m 이상 나무와 미이격, 리프트 하차장 기계실 점검자 안전망 해체 후 원상복구 미실시
- 리프트 상부(하차장) 감시실 내부 비상연락망 및 근무자 안전수칙 미비치
- 삭도용 지주(타워) 사다리식 통로의 등받이울 미설치

  (「산업안전보건에 관한 규칙」 제24조에 따라 높이 7m 이상 사다리 등은 사다리가 설치된 2.5m 이상 위치에서부터 등받이울 등을 적정하게 설치)

  ※ 사다리식 통로가 10m 이상인 경우 5m 이내 마다 계단참 설치

(7) 기타 분야

- 직원식당 주방 내 사용 중인 식기세척용 주방세재인 유해·화학물질은 용기별로 사용 시 주의사항 등이 표시된 물질안전보건자료(MSDS) 표지 미부착
- 의무실의 의약품 관리대장 작성 및 유효기간 관리 미흡
- 안전·위생 매뉴얼 미작성 및 반기별 1회 이상 교육 미실시

7. 야영장

1) 개요

- **안전점검 대상** : 「관광진흥법」 제20조의2에 따른 야영장 시설

- **안전점검 시기** : 「관광진흥법 시행규칙」 제28조의2에 따라 매월 1회 이상 야영장 내 시설물에 대한 안전점검 실시, 점검결과 반기별로 시·군·구에 제출

- **안전점검 실시자** : 「관광진흥법」 제20조의2에 따라 야영장업의 등록을 한 자(사업자, 관리자)

2) 주요 지적사항

(1) 시설 분야

- 글램핑장의 철골구조물 기둥 콘크리트 고정부 볼트 미설치, 텐트 이격거리 3m 미만(글램핑 텐트 이격거리 3m 이상)

- 카라반의 출입문부 처마홈통 설치 상태 불량, 간이 천막 고정용 와이어로프 장력 부족, 에어컨 실외기 바람막이 미설치

- 수영장 내 미끄럼틀 바닥 고정 볼트 누락

- 공연장 기둥 와이어로프 장력 부족
- 통나무집 창틀 치장재 탈락
- 황토집 옹벽 난간 난간살 간격 부적정 (난간살 간격 10cm 이하)
- 야영장 내 개천을 횡단하는 교량이 집중호우, 태풍 등으로 수해가 발생할 수 있으나, 전문가 미검토

  (교량설치에 대한 교량전문가의 자문 등 실시)

(2) 전기 분야

- 카라반의 출입구 전등 커버 탈락, 배선용 차단기 노출 설치(차단기 절연분전함 내 설치)
- 분전반의 미잠금 및 분기차단기 사용하지 않고 전선 인출(분전반 잠금장치 설치)
- 옥외의 전선보호관 바닥 노출 및 전등용 전선보호관 비난연성 사용(전선보호관 지중 60cm 이상 매설)
- 오락실 기기의 접지선 단선 및 전선 보호 불량
- 옥외 분전함, 가로등 등주, 카라반 외함 및 콘센트, 온수기의 미접지(냉장고, 에어컨, 전동기 등 전기기계기구 접지시공)
- 샤워실 콘센트회로 일반용 누전차단기 사용

  (고감도형(15mA) 누전차단기 사용)

- 외부 콘센트 방수커버 탈락 및 일반형 사용

  (욕실 등 물기가 있는 곳 방적형(커버형) 콘센트 사용)

- 화장실 전등스위치 옥외 노출 설치

  (옥내 설치 또는 방적형(방수형) 설치)

- 옥외전선 접속부 노출 및 옥외 전등 방수형 미사용

  (전선 접속부는 절연함 내 접속 및 규격형 방수형 전등으로 설치)

- 옥외전선의 고정 및 지지애자 미사용

- 변압기 절연유 PCBs 미검사

  (PCBs 함유량 검사 및 관할 지자체 신고)

(3) 가스 분야

- 저장설비(용기보관소) 환기불량 및 화기와의 안전거리 미유지(용기는 사용시설의 안전확보와 그 용기의 보호를 위하여 화기와의 2m 이상 유지 및 환기가 양호한 옥외에 보관)

- 소형저장탱크 정전기 제거 미조치

  (정전기가 발생하지 않도록 단면적 5.5㎟ 이상의 접지접속선을 사용 접지하여 접지저항총합이 100Ω 이하)

- 미사용 가스용기 보관 및 자동절체기 막음 미조치

  (미사용 가스용기 반출 및 연소기가 연결되지 않는 배관 말단부는 안전캡으로 막음조치 실시)

- 가스용기 전도방지 미조치 및 예비 용기 보관

  (가스용기 전도방지 장치 설치 여부 및 미사용 용기 보관은 불가)

- 저장설비로부터 중간밸브까지 호스사용

  (저장설비로부터 중간밸브까지 적절한 금속배관 사용)

- 보일러의 배기통 접합부 기밀 미유지 및 기울기 부적정

  (보일러 연통의 접합부는 내열실리콘 또는 내열실리콘 밴드 등으로 마감 조치, 일반보일러는 응축수가 외부로 배출되도록 하향 조치(콘덴싱보일러는 상향조치 가능))

- 「액화석유가스법」에 따른 설치기준 미준수 및 법정검사 미필(퓨즈콕 미설치 및 CO 검지기 미설치 등)

  (캠핑용자동차 및 캠핑용트레일러 내 액화석유가스 사용 시설에 대한 안전기준에 따른 시설 설치 및 검사 실시)

(4) 소방 분야

- 버스카라반 일산화탄소 경보기 미설치 및 비상용손전등 미비치

- 글램핑장의 비상용손전등 외부에 비치 및 텐트 방염여부 확인 곤란(비상용손전등은 텐트 내부에 비치)

- 캠핑장 공동시설 내에 설치된 단독경보형감지기 설치 위치 부적정(단독경보형감지기 설치위치가 천장부위)

- 분말소화기의 내용연수 초과 및 미비치, 안전핀 탈락 및 충압 불량(분말소화기 내용연수 10년)
- 소화기를 야외에 미비치(소화기는 100㎡ 당 1개 이상의 내부가 잘 보이는 보관함에 비치)
- 방화사 미설치

(5) 보건·위생 분야

- 수질검사 결과 게시 미흡

  (수질검사는 연 1회 실시 후 이용객의 눈에 잘 띄는 곳에 게시)
- 침구류 세탁 청소 미흡

  (야영용 트레일러 내 침대 상·하부에 머리카락 및 세탁 여부 확인)
- 개수대 내부에 청소용 락스 보관

  (락스는 유해위험물질로 별도 장소에 보관)

(6) 기타 분야

- 그네 등받이 등 어린이 놀이시설 파손
- 유원시설(붕붕 뜀틀) 신고 등 안전조치 미흡

  (지자체 신고, 보험가입, 최대탑승인원 포함하여 안전수칙 게시)
- 놀이시설(트램펄린) 안전성 검사 실시 여부 확인 불가

  (놀이시설 안전성검사 실시여부를 확인하고 기록서류 비치)

8. 어선

1) 개요

- **안전검사 대상** : 「어선법」 제2조제1호에 따른 어선
- **정기검사 시기** : 「어선법」 제21조에 따라 최초로 항행의 목적에 사용하는 때 또는 법 제28조제1항에 따른 어선 검사증서의 유효기간(5년)이 만료된 때 행하는 정밀한 검사
- **정기검사 실시자** : 한국해양안전교통공단, 한국선급

2) 주요 지적사항

(1) 선체 분야

- 우현 선수 구스넥(거위목) 통풍기 입구 페인트 고착
- 기관실 내 엔진하부 FRP 재질 난연성, 불연성 소재 교체 등 방폭설비 미설치(기관실 내 엔진하부 방폭설비 설치)
- 기관실 엔진 진동상태, 유관계통(니플) 연결부 상태 수시 점검

(2) 전기 분야

- 차단기 노출 설치 및 갑판 전선 접속부 노출
  (차단기는 불연성 또는 난연성 분전반 내 설치, 외부배선 접속부는 방수절연함 내 접속 조치)

- 콘센트 접지 미시공 및 선내 접지등(누전경보가능) 미설치
- 비상용발전기 미사용 선박에 예비 비상전원용 축전지 미설치
- 비상용발전기 과부하보호장치 부적정
- 접지방식 비상용발전기(철선) 전기기기용 콘센트 및 전등 보호용 개별 누전차단기 미설치
- 축전지의 보호용 DC차단기, 단락보호차단기 및 보호커버 미설치, 누액

    (DC FUSE도 보호 가능하나, 유지관리 측면에서 DC차단기 설치, 통풍형 또는 보호커버 설치, 축전지 3년마다 전수 교체 권장)

- 배전반 전·후면 절연성 깔개 미설치
- 선내 S상, T상 누전발생
- 선수창고 비규격 LED등 사용으로 화재우려 및 임의전기기기(전열기) 사용
- 선수 객실 내 자기점화등 고장(10톤 미만 어선 비치 의무)

(3) 가스 분야

- 산소절단기용 LPG 조정기와 토치사이 역화방지장치 미설치
- 기관실 입구에 보관중인 에어졸용기(락카)는 40℃ 이내 서늘한 곳에 미보관

- 가연성가스(LPG) 용기 밀폐된 장소 보관

  (가연성가스(LPG) 용기는 환기가 양호한 실외 보관)

- 액화석유가스 저장설비로부터 중간밸브까지 호스 사용

  (저장설비로부터 중간밸브까지 금속배관 사용)

- 호스 길이 3m 초과 및 호스 T사용 등 호스사용 부적절

- 기관의 고열부인 배기관 단열 미조치

  (작업자의 접촉 또는 가연성물질의 접촉에 의한 사고를 방지토록 단열 조치)

- LPG가스연소기 철거 후 막음조치 미실시

  (연소기가 연결되지 않은 배관은 안전캡으로 막음조치)

- 액화석유가스 용기의 차양 미설치

  (가스용기에 대하여 직사광선, 눈, 빗물을 막을 수 있는 차양시설 설치)

- 산소 압력조정기 압력계 파손 및 우수 유입
- 인화성 가스 측정설비 미보유
- 액화석유가스 및 고압가스(산소) 용기 재검사 미필

(4) 소방 분야

- 기관실 내 자동소화장치 설치방법(충압압력, 안전핀, 방사방향) 부적절

- 자동소화기 안전핀 미제거 및 미고정

  (화재 발생 시 원활히 소화가 가능하도록 적절한 위치에 고정 조치)

- 소화기의 충압압력 미달 및 내용물(분말) 고착 등 관리 미흡

- 기관실 내 방음재 재질 부적정

  (화재 발생 가능성이 있는 기관실의 경우 불이 쉽게 붙는 재질 대신 불연성 방음재 사용)

(5) 구명설비 분야

- 구명부환에 구명줄 미부착 및 로프로 묶어 보관, 선명 미표기(구명부환에 구명줄(직경 : 8mm 이상, 길이 : 30m 이상) 부착, 구명부환은 쉽고 빠르게 취급할 수 있도록 비치)

- 구명조끼에 구명등(燈) 및 호각 미부착, 미개봉 상태로 보관

  (각 구명조끼에는 끈으로 연결된 호각이 단단히 부착된 상태로 비치, 구명조끼의 비치는 개봉하여 어선원 등 사람 거주시설에 비치)

- 구명조끼 선수창고 등에 임의 장소에 보관(파손 및 노후화)

  (구명설비 비치장소에 그 취지 및 설비의 수 표시 조치 여부 확인(어선)설비기준 제64조)

- 최대 승선인원(6명)에 구명조끼 법정비치 수량(4개) 비치
- 자기점화등·로켓낙하산신호 비치 방법 미흡(선장 서랍에 보관)

  (자기점화등은 구명부환 가까이에 비치 및 로켓낙하산신호는 항행선교에 비치)

(6) 기타 분야

- 주기관 Oil Mist 배기관 드레인 밸브 열림

  (주기관 Oil Mist 배기관 드레인 밸브는 닫힘 상태로 운전)
- 기관실(엔진)의 연통 고정 볼트 풀림 및 인화성 물질 등 위험물질 보관(위험물질은 분리 보관)
- 선수 내 오일통 비치 및 객실 앞 CCTV 카메라 고장 (선수 내 오일통 외부로 반출)
- 크레인 후크 안전장치 및 어류절단기 안전방지망 미설치
- 아이스박스, 물탱크 등 고박 미실시
- VHF-DSC 무전기 설정 중 캐나다 국가모드로 사용 중 (어선안전조업국(수협)과 어선위치 송수신을 위해 국가모드 설정)

9. 여객선 및 유도선

1) 개요

- **안전검사 대상**
  - 여객선 : 「해운법」 제3조에 따른 내항 정기 여객운송사업의 여객선
  - 유·도선 : 「유·도선법」 제3조에 따른 유선사업 및 도선사업의 면허를 받은 유선 및 도선
- **안전검사 시기**
  - 여객선 : 건조검사, 정기검사는 5년, 중간검사는 검사기준일 전후 3개월 이내
  - 유·도선 : 정기검사는 매년 실시
- **안전검사 실시자** : 한국해양안전교통공단, 한국선급
- **기타사항** : 개별법에 따른 관계기관의 안전점검에 대한 세부적인 규정 없음

2) 주요 지적사항

(1) 선체 분야

- 목재 유도선의 선미 기둥 균열
- 조타실지붕 마감재 뒤틀림 발생 및 고정 못 탈거

- 부식방지 도장 작업으로 계단 발판의 미끄럼방지 기능 저하

  (공용계단의 발판은 논슬립패드 등 미끄럼방지시설 설치)
- 2층 객실 내 바닥판 강도 부족

  (객실 내 바닥판의 발빠짐, 부식 등 상태)
- 객실 내 에어컨 고정피스 탈거로 미고정
- 승선장의 잔교 발판 일부 고정상태 불량, 목재 발판 부식 및 난간 고정상태 불량

(2) 전기 분야
- 선착장 가로등주의 미접지 및 결선 노출

  (접지시공 및 절연함 내 전선 접속)
- 조타실 배선용차단기 및 자판기 전선 바닥노출

  (차단기는 절연함 내 설치, 전선관 내 매립 및 접지 시공)
- 매점 분전반은 불연성(난연성) 커버 미설치

  (분전반은 불연성, 난연성으로 설치)
- 전원케이블 외피 손상 및 접지 미포설
- 객실 콘센트 소손 및 조타실 콘센트 고정 불량
- AC 배전반 R상 누전 발생
- 화장실 세면대 방적형(커버형) 콘센트 미사용

  (욕실 등 물기가 있는 곳의 방적형 콘센트 사용)

- 비상용발전기 전선 접촉 시동 시 스파크 발생
- 축전지의 장기사용(축전지 3년마다 교체 권장)과 보호커버 미설치 및 단자 부식
- 절연저항계 등 계측장비 교정 미이행(연 1회 이상 교정)

(3) 구명설비 분야

- 구명조끼의 호각 미부착과 청결상태 및 구명조끼등(燈) 작동상태 불량, 성인용 및 소아용 혼재 보관, 미개봉 상태로 보관, 안내표지 게시 위치 부적절

  (구명조끼와 호각은 끈으로 단단히 연결 및 청결상태 유지, 구명조끼등의 상시작동, 성인용 및 소아용 구명조끼를 구분 보관, 구명조끼는 즉시 사용 가능한 상태, 승객 및 선원이 쉽게 인지할 수 있는 위치에 비치)

- 소아용 구명조끼의 수량 부족 및 띠를 매듭으로 묶어 보관

  (구명조끼의 즉시 사용 가능상태 확인)

- 비상구조선 구명부환 1개 보유로 비치 수량 부족

  (구명부환 2개 이상 비치)

- 조타실 상부에 진입계단 없이 구명부기 설치

  (조타실에 2방향 진입할 수 있는 계단 설치)

- 구명뗏목의 고정 배치 및 안전핀 일부 고착

  (구명뗏목은 즉시 사용하여야 함으로 고정 불가 및 안전핀 고착 여부 확인)

(4) 갑판 및 기관설비 분야

- 소화설비(소화기) 1m 이내 화물적재금지 미표시

  (소화설비 주위 1m 이내 화물적재를 금하도록 안내표시 게시 조치)

- 축전지실 및 마스터구역 사다리 등 승객출입제한 구역 미표시

  ("관계자외 출입금지"표시하여 승객접근 차단)

- 기관실의 연료탱크의 유량확인용 액면계 밸브 결박 및 자동소화기 안전핀 미제거

- LPG의 미검용기 보관, 사용시설 호스설치, 용기전도방지 미실시, 경계표시 미표시, 중간밸브 미설치

  (호스 3m 초과인 경우 강관배관, 용기 전도방지 설치, 중간밸브 설치, 경계표시)

- 좌현 앵커와 로프 미체결

  (앵커와 로프는 즉시 사용이 가능토록 체결)

- 선미 우현 위험물보관장소 내 가연성물질 혼용 보관
- 기관실 하부 빌지(바닥에 고인 물)과다 및 기름걸레 방치
- 선실 내 좌석 및 휴지통과 승객용 갑판에 테이블 미고정
- 에어컨실외기 설치장소 부적절

  (고온의 공기가 승객에 영향을 주지 않는 바닥으로부터 2m 이상 높게 설치 또는 바람막이 설치)

- 갑판 D-Ring(1개소) 고착 및 갑판 배수구 막힘
- 선미 차량의 적재가 불가능한 구역의 주차선

(5) 기타 분야

- 승선신고서에 전화번호 미기재
- 비상구급함 내 유효기간 초과 약품 비치
- 선원공제 증권 등 보험서류 및 선장 적성검사 서류 등 비치상태 미흡
- 운항관리 규정내용 중 출돌, 파공 및 선체손상 "비상대응 시나리오"누락
- 유도선 비상대비 훈련종류 미흡(충돌, 좌초 비상훈련 실시)
- 안전교육 일지작성 미흡

  (교육일지에 시작시간, 종료시간 기록 및 연 8시간 법정 교육시간 관리)
- 기관일지에 기관장, 선장 검토결재 누락

10. 유원시설(물놀이 유원시설)

1) 개요

- 안전점검 대상 : 「관광진흥법」 제33조에 따른 유원시설업의 시설물
- 안전성검사 시기 : 「관광진흥법 시행규칙」 제40조에 따라 연 1회 이상 정기 안전성검사, 최초로 안전성검사를 받은 지 10년이 지난 유기시설 또는 유기기구에 대하여는 반기별로 1회 이상 안전성 검사 실시
- 안전성검사 실시자 : 검사에 관한 권한을 위탁받은 업종별 관광협회 또는 전문 연구·검사기관

2) 주요 지적사항

(1) 건축·유기기구 분야

- 물놀이의 놀이 기구의 지붕 등 부식
- 유수풀 천장마감재 탈락 및 처짐 발생
- 외부계단 및 타카다 입구 계단 발판의 미끄럼방지시설 미설치

    (공용계단의 발판은 논슬립패드 등 미끄럼방지시설 설치)

- 아쿠아플레이트, 마운틴슬라이드, 슈퍼볼 가는 방향 난간 높이 부족 및 난간살 부적정

(난간높이 1.2m 이상, 난간살 10cm 이하)

■ 바이킹타워 어린이용 슬라이드 출입계단 충격방지시설 미설치(코너부 충격 방지시설 설치)

■ 교구놀이방 2층 난간 추락 위험 및 모서리 부분이 많아 부딪칠 경우 위험(난간상태 및 모서리 부분 안전보호대 설치)

■ 편백놀이 내 위층으로 올라가는 경사로에 안전바 또는 안전문구 미설치

■ 놀이시설 상부에 설치된 음향, 조명시설의 낙하 방지조치 미흡

(2중 안전고리 설치)

■ 정글짐 내 그물 훼손

(2) 전기 분야

■ 전기실 및 분전반의 잠금장치 미설치

■ EPS실 케이블트레이 방화구획 미확보

(방화구획 불연성 재료로 충전)

■ 물놀이장 콘센트 일반형 누전차단기 사용

(고감도(15mA) 누전차단기 설치)

■ 물놀이장 제어반 외함 방청 및 내부결로 발생

■ 보일러실 비규격 멀티탭 사용(규격 멀티탭 사용)

- 트램폴린 내부 조명 60LUX 미만

  (내부 조명 60LUX 이상 유지)

- 비상용발전기 누유

- 회로시험기, 절연저항계 등 계측장비 교정 미이행

  (계측기에 대하여 교정기관의 연 1회 교정 실시)

(3) 가스 분야

- 주방내부 가스검지기 설치 위치 확인 불가
- 소형저장탱크 주변 가스누출 시 안내문과 공급자 연락처 미 부착(안내문과 공급자 연락처 규격에 맞게 부착)
- 퓨즈콕 제거 후 배관 말단부 막음 미실시

  (연소기가 설치되지 않는 배관 말단부는 안전캡으로 막음조치 실시)

- 보일러 시공표지판 미부착

(4) 소방 분야

- 튀김기 K급소화기 미비치
- 분말소화기 충전압력 미달
- 공기호흡기 용기충전 3개월마다 재충전

  (공기호흡기 용기 충전 1년에 1회 충전)

(5) 기타 분야

- 자체 수질검사 측정값 게시 상태 미흡

  (수질검사 결과 측정값과 단위를 적합하게 게시)

- 수영장 수질검사 자체기록 미작성과 수질검사 게시내용 및 방법 미흡

  (유리잔류염소 등 수질상태 측정 결과 기록, 대장관리 및 수질검사 일자, 1일 물 순환 횟수 등을 기록, 게시)

- 수질정화재의 물질안전보건자료 미게시

  (물질안전보건자료(MSDS) 비치 및 게시)

- 이용자 주의사항 게시사항 및 물놀이장 수심표시 미흡

- 타카디스코 운전실 내 비상조치요령 미비치 및 이용자 준수사항 게시상태 부적절

- 트램폴린의 이용자 수칙에 신장제한, 동시 수용인원 등 미기재

- 기계실 출입문 사다리식 통로 미설치

- 인명구조요원 기준(12명) 충족하나 추가 채용 시 무자격 인명구조요원 채용(8명)(수상안전에 관한 교육 이수)

- 어린이놀이시설의 설치검사 및 정기시설검사에 대한 내용 미게시

- 구급약품함 표지 미부착, 유효기간 만료약품 비치

11. 유해화학물질

1) 개요

- **안전점검 대상** : 「화학물질관리법」 제2조제7호에 따른 유해화학물질로서 유독물질, 허가물질, 제한물질 또는 금지물질, 사고대비물질, 그 밖에 유해성 또는 위해성이 있거나 그러할 우려가 있는 화학물질 취급시설

- **안전점검 시기** : 「화학물질관리법 시행규칙」 제23조제2항에 따라 1년(유해화학물질 영업허가 대상이 아닌 유해화학물질 취급시설의 경우에는 2년)마다 정기검사

- **안전점검 실시자** : 한국환경공단, 한국산업안전보건공단, 한국가스안전공사, 환경부장관이 유해화학물질 취급시설에 대한 검사와 안전진단에 관한 능력을 갖추고 있다고 인정하여 지정·고시한 기관

2) 주요 지적사항

(1) 시설 분야

- 황산저장탱크의 방류턱 미고정 및 받침장치 고정부 볼트 구멍 유격 발생

- 실내저장시설 탱크설치용 강재프레임 상부 난간높이 부족 및 발판 거치부 부식(난간높이 1.2m 이상)

- 실내저장시설의 황산보관창고 방류벽 내 경사면 불량으로 체류 구간 발생
- 실내저장시설의 암모니아탱크 집수정 배수펌프 부식 상태로 작동시험 미실시
- 실내저장시설인 염산 및 가소성소다 탱크 방류벽보다 낮은 위치에 배수가 가능한 구멍 존재, 방류벽 외측에 설치된 방류로 단면부족으로 범람 우려
- 옥외저장시설 방류구 이물질 퇴적 및 단면부족, 피뢰침 미설치

(2) 전기 분야

- 전기실 케이블트레이 방화구획 미확보
  (방화구획 불연성 재료로 충전)
- 고압케이블 기울림 시공으로 케이블받침대 압력 발생
- 고압 전력용콘덴서 잔류전하 방전용 코일 소손(불에 타는 것)
- 주전기실 냉방기 미설치되어 하절기 온도상승으로 인한 전기설비 과열 우려
- 폐수처리실의 전동기 방폭설비 부식 및 접속부 이탈, 접지부식 및 탈락
- 사용용 154,000V 가스절연변전소(GIS) 설비 주기적 점검 미실시(첨단장비 이용한 연 1회 정밀점검)

- 각 전기배관실(EPS)의 특고압케이블 보호금속관 전기 위험표지판 미부착
- 축전지실 온도계 및 습도계(온도 23±5℃, 습도 80% 이하) 미설치로 적정한 환경 확인 불가
- 비상용 예비 발전기 냉각수 및 엔진오일 기준치 이하 (비상용발전기 축전지 3년마다 교체 권장, 냉각수 및 엔진오일, 연료 적정상태)
- 변압기의 절연유 누유 및 비상용발전기실 내 인화성 물질 적치

(3) 가스 분야

- 정압기 이상압력 통보장치 작동 불량
- 수소 등 용기저장소와 도시가스 정압기 잠금장치 미설치
- 지하보일러 주변 가스누설경보기 위치가 가스누출 시 상시 인지 가능한 장소에 미설치
- 위험물 보관실에 보관물질(아세톤)과 표기물질(PMA)이상이
- 액화산소탱크 외면 부식 진행
- 가연성가스(LPG)와 조연성가스(산소) 용기를 공동 보관 (가연성가스와 조연성가스 분리 보관)
- 공장 내 산소와 LPG 사용하는 토치에 역화방지장치 미설치 상태로 사용

(4) 유해화학물질 취급시설 분야

- 옥외저장시설의 방류벽 하부 균열 및 이격거리 미준수
- 옥외저장시설 펌프실 방류턱 높이 미준수
- 적재·하역장소 내에 우수관이 있어 화학사고 발생 시 우수관으로 화학물질 유입 가능성(우수관 주변 방류턱 설치)
- 암모니아 저장소에서 발생되는 유해가스 제거용 환기팬 미작동
- 질산 저장시설 출입구 계단 불안전으로 위험
- 불산저장시설 탱크 상부 변형 발생
- 용기 세척용 솔벤트 등 화학물질 목록관리 미흡
  (목록관리리스트의 일치)
- 메탄올 탱크롤리 작업 시 정전기 제거 및 접지 클램프 사용준수 안내표지 미흡
- 유해화학물질 표지 미부착 및 사용시설 납 하역장소 미표시(하역장소에 물질안전보건자료(MSDS) 표지 등 비치)
- 납 저장창고 작업자의 납 분진 보호구 착용안내 미흡
  (납 저장창고 작업자 방진마스크 착용)
- 질산 등 화학물질 저장시설의 비상연락망 현행화 미흡
  (기관의 기관명, 전화번호 일치)
- 유해화학물질 취급시설(연구실) 설치검사 미이행

참고문헌

참고문헌

[1] 박하용. (2020.6.). 건축물 재난사고 실태분석을 통한 안전점검체계 개선방안 연구. 광운대학교 석사학위 논문

[2] 박하용·이원호. (2019.10.). 건축물 재난사고 현황 및 안전점검제도 분석을 통한 안전점검체계 개선방안. 한국방재학회논문집

[3] 국토교통부·한국시설안전공단. (2019.12.). 시설물의 안전 및 유지관리 실시 세부지침(안전점검·진단편) 해설서. 10.4. 상태평가 기준 및 방법~10.6. 종합평가 기분 및 방법

[4] 행정안전부. (2010.10.). 부처·시설 유형별 안전관리체계

[5] 국민안전처. (2017.5.). 정부합동안전점검 업무편람

[6] 행정안전부. (2020.1.13.). 국가안전대진단 안전점검표 통보(부처, 시도). 재난안전점검과~138, 139호

[7] 행정안전부. (2018.1.5.). 2018년도 국가안전대진단 관련 정부합동안전점검단 현장 확인점검 분석 및 개선방안

[8] 행정안전부. (2020.10.). 2017년도 정부합동안전점검단 주요 업무

[9] 행정안전부. (2020.10.). 2018년도 정부합동안전점검단 주요 업무

[10] 행정안전부. (2020.10.). 2019년도 정부합동안전점검단 주요 업무

[11] 행정안전부. (2021.6.). 2020년도 정부합동안전점검단 주요 업무

[12] 행정안전부. (2021.1~12.). 2021년도 정부합동안전점검단 점검 결과
(고속도로 휴게소, 미세먼지 관련 사업장 및 시설물, 학교교과교습학원, 문화재시설, 궤도 및 삭도시설, 건설공사장, 철도시설, 전통시장, 임도시설, 기름·유해액체물질 저장시설, 위험물제조소, 수소시설, 공공청사, 댐, 초고층 및 지하연계 복합건축물, 정부지방합동청사 및 정부세종청사 건설현장)

[13] 행정안전부. (2021.12.24.). 행안부 정부합동안전점검단 안전점검 결과 후속조치 이행력 확보 방안 통보, 재난안전점검과-4576

[14] 행정안전부. (2022.1~5.). 2022년도 정부합동안전점검단 점검 결과
(연안여객선터미널, 전통시장, 부처·지자체 소관 공공건설공사장, 교량·터널)

[15] 국어사전. 네이버 국어사전(ko.dict.naver.com).

[16] 법제처. 국가법령정보센터(www.law.go.kr).

- 편저자 소개 -

박하용(朴夏鏞 Ha-Yong Park)

현재
- ㈜ 무영씨엠건축사사무소 건설사업관리
- 충청북도 공동주택 품질점검단
- 용인도시공사 기술자문위원

전공
- 재난안전관리

학력
- 충청대학교, 전문학사
- 국가평생교육진흥원, 공학사
- 광운대학교 대학원, 석사

경력
- 행정안전부 정부합동안전점검단장
- 행정안전부, 국민안전처, 소방방재청 근무
- 충청북도, 충북 청주시, 경북 성주군 근무
- 오마이뉴스 시민기자, 충청북도 관광 명예기자

- 국가민방위재난안전교육원 안전점검실무과정, 재난안전 중견리더 과정, 재해복구실무과정, 지진·화산재난대비과정, 재난관리평가과정, 특정관리대상시설 점검실무과정 전담강사
- 우정공무원교육원 국가재난관리 관리자 과정 전담강사
- 관세청 안전관리분야 담당직원 소집교육 강사
- 한국비시피협회 초미세먼지관리사 과정 전담강사
- 부산광역시인재개발원 시설안전점검 과정 전담강사
- 충청북도 건축직공무원 특별교육 과정 강사
- 경상북도인재개발원 안전점검 실무과정 전담강사
- 경남기업(주) 리더쉽 역량강화 교육 강사

심의·자문
- 국토교통부, 결과보고서 작성 준수사항 위반자 명단 공표 심의위원회 위원
- 한국산업안전보건공단 서울광역본부, 건설업 안전보건지킴이 채용 심사위원
- 서울특별시, 행정처분 심의위원회 위원
- 전라남도 순천시 등 18개 지자체, 재해복구사업 분석·평가 위원

상훈
- 녹조근정훈장, 근정포장
- 대통령 표창, 국무총리 표창
- 행정안전부장관 표창, 건설교통부장관 표창
- 충청북도지사 표창, 청주시장 표창
- 대전광역시지방공무원교육원장 표창
- 소방방재청 자랑스러운 소방방재인 표창패
- 대한지질학회 공로상, 육군참모총장 감사장

저서
- 미세먼지에 대한 시설물 및 기관별 현장점검 실무
- 미세먼지에 대한 시설물 및 기관별 현장점검 실무(개정증보판)
- 시설물 안전점검 및 현장점검 A to Z
- 시설물 안전점검 및 현장점검 A to Z(개정증보판)
- 중대재해 예방 시설물 안전점검 길잡이
- 사례중심 건설업 및 시설물관리 중대재해 안전보건확보의무 가이드

자격
- 건축특급기술자(건축구조, 품질, 건설사업관리) 한국건설기술인협회
- 건축기사, 건축설비산업기사 한국산업인력공단
- 일반행정사 행정안전부
- 재난관리사, 초미세먼지관리사, ESG EXPERT 한국비시피협회

시설물 안전점검 및 현장점검 A to Z
(개정증보판)

초판발행 2021. 10. 25.
개정증보판 1쇄 2023. 2. 25.
편 저 자 박하용
발 행 인 이지오

발 행 처 사마출판
주　　소 서울특별시 중구 퇴계로45길 19, 402호
등　　록 제301-2011-049호
전　　화 02-3789-0909

정　　가 35,000원

ISBN 979-11-92118-27-7 13530

저자와의 협의에 의해 인지 첨부를 생략합니다.

· 이 책의 모든 출판권은 사마출판에 있습니다.
· 본서의 독특한 내용과 해설의 모방을 금합니다.
· 잘못된 책은 판매처에서 바꿔 드립니다.